Ulrich Jordan / Birgit Külpp / Ines Bruckschen

Das erfolgreiche Einstellungs-Interview

Ulrich Jordan / Birgit Külpp
Ines Bruckschen

Das erfolgreiche Einstellungs-Interview

Potenziale für morgen
sicher erkennen und gewinnen

GABLER

Bibliografische Information der Deutschen Nationalbibliothek
Die Deutsche Nationalbibliothek verzeichnet diese Publikation in der
Deutschen Nationalbibliografie; detaillierte bibliografische Daten sind im Internet über
<http://dnb.d-nb.de> abrufbar.

1. Auflage 2012

Alle Rechte vorbehalten
© Gabler Verlag | Springer Fachmedien Wiesbaden GmbH 2012

Lektorat: Irene Buttkus

Gabler Verlag ist eine Marke von Springer Fachmedien.
Springer Fachmedien ist Teil der Fachverlagsgruppe Springer Science+Business Media.
www.gabler.de

Umschlaggestaltung: KünkelLopka Medienentwicklung, Heidelberg
Druck und buchbinderische Verarbeitung: AZ Druck und Datentechnik, Berlin
Gedruckt auf säurefreiem und chlorfrei gebleichtem Papier
Printed in Germany

ISBN 978-3-8349-3529-8

Grußwort

Thomas Sattelberger

Vorstandsmitglied Personal,
Deutsche Telekom AG.

Foto: Deutsche Telekom

Die strategische Richtung aller HR-Arbeit ist für jedes Unternehmen einzigartig und lässt sich nicht uniformieren. Zwei grundsätzliche Ziele sollten wir in unserer Profession aber immer verfolgen: den wirtschaftlichen Erfolg des Unternehmens und das Engagement seiner Mitarbeiter, wobei sich beides natürlich gegenseitig bedingt.

Um den Erfolg und das Überleben von Unternehmen zu erreichen, haben Personalprofis die Aufgabe, die Kultur ihrer Organisation zu beeinflussen, indem sie unter anderem hart daran arbeiten, dass sich ihre Unternehmen von eher geschlossenen hin zu offenen Systemen entwickeln.

Also weg von „Glaubensbrüderschaften", die sich selbst zu klonen suchen und dabei nach dem Motto „Gleich und Gleich gesellt sich gern" handeln, die Kandidaten aussortieren, wenn sie in deren Lebensläufen auch nur kleinere Brüche oder Leerfelder erkennen. Also weg von Auswahlkulturen, in denen häufig genug die selektive – oft unbewusste - Wahrnehmung der einstellenden Manager entscheidet, wer ins Unternehmen kommt und wer befördert wird:

Hin zu offenen Unternehmenskulturen, die für Leistung, Veränderung, Fairness, Selbstverantwortung und Vielfalt stehen. Vielfalt bezogen auf Menschen mit und ohne Behinderung, bezogen auf Geschlecht, unterschiedliche kulturelle Herkunft, Religion, Alter, Rasse und sexuelle Orientierung. Vielfalt, die die Wirklichkeit unserer Gesellschaft abbildet und die Antwort auf die tief greifenden demografischen Umwälzungen der nächsten Jahrzehnte sein wird. Und dies alles ohne Unterminierung der Leistungs- und Qualitätsbezogenheit der Entscheidungen, also hin zu einer Diversität, von der wir heute – wie genügend wissenschaftliche Studien inzwischen belegen – wissen, dass sie zu mehr Innovation und Produktivität führt.

Dieser notwendige Wandel beginnt bei jeder Einstellungsentscheidung im Unternehmen. Wen gewinnen wir für uns und wen nicht?

Die Autoren zeigen mit ihrem Buch auf überzeugende, pragmatische Weise, was Führungskräfte und Personalverantwortliche unternehmen können, um die richtigen Einstellungsentscheidungen zu treffen. Sie beschreiben den gesamten Einstellungsprozess – von der strategische Personalplanung, über die Anforderungsdefinition und das Einstellungsinterview bis hin zu reflektierten Einstellungsentscheidungen: Entscheidungen, die in umkämpften Märkten am Ende bestimmend sind für den Erfolg ihrer Unternehmung.

Ich wünsche Ihnen viel Freude beim Lesen und Nachdenken.

Bonn, im Oktober 2011   Thomas Sattelberger
                                    Vorstandsmitglied Personal Deutsche Telekom AG

Vorwort

Das Dilemma der richtigen Personalentscheidung

Egal welche Position Sie besetzen wollen – Geschäftsführer, Abteilungsleiter, Call Center Agent, Vertriebsmitarbeiter oder Aushilfskraft – die Besetzung wird weitreichende Konsequenzen haben. Organisationen sind ständig auf der Suche nach Wettbewerbsvorteilen, indem sie ihre Produkte und Dienstleistungen verbessern. Aber letztendlich sind es immer die Mitarbeiter und Führungskräfte, die über den Erfolg entscheiden. Sie entwickeln die neuen Ideen, sie reparieren die Defekte und sie lösen die Probleme ihrer Kunden. Für Sie als Führungskraft oder Personaler bedeutet das, dass Sie mit jeder Einstellungsentscheidung gehörig zum Erfolg oder Misserfolg Ihres Unternehmens beitragen. Sie bestimmen mit Ihrer Stellenbesetzung, wie die Zusammenarbeit mit anderen Abteilungen aussehen wird, wie der Umgang mit Kunden ausfallen wird und wie gerne Ihre Mitarbeiter zur Arbeit kommen.

In Deutschland werden nach Schätzungen des Instituts für Arbeitsmarkt- und Berufsforschung pro Jahr mehr als sieben Millionen Einstellungen vorgenommen (IAB 13/2009). Das heißt, an jedem Arbeitstag entscheiden Vorgesetzte und Personaler etwa 30.000 Mal, wen sie für eine freie Position in ihrer Organisation gewinnen wollen. Es steht also viel auf dem Spiel. Diese Entscheidungen zu treffen ist alles andere als einfach. Jeder, der sich schon einmal für oder gegen einen Kandidaten entscheiden musste, weiß, wie schwierig es ist. Und wahrscheinlich kann sich auch jeder an eine Entscheidung erinnern, die sich im Nachhinein als falsch erwiesen hat. Wie lassen sich solche Fehlentscheidungen in Zukunft vermeiden?

Von Praktikern für Praktiker

Bis heute haben wir zusammen über 5.000 Einstellungsinterviews geführt. Viele hundert davon mit HR-Mitarbeitern und Führungskräften. Die wenigsten von ihnen – egal, welche Ausbildung oder welches Studium sie absolviert hatten – verfügten über fundierte Assessment Skills. Gemeint ist die Fähigkeit, in kurzer Zeit herauszufinden, ob ein Kandidat einem definierten Stellenprofil entspricht oder nicht. Es dürfte nicht viele Vertriebsmitarbeiter geben, die in ihrem Berufsleben bisher noch kein Training zum effektiven Verkaufen absolviert haben. Aber es gibt immer noch viele HR-Generalisten ohne fundierte Ausbildung oder Zertifizierung in Personalauswahlentscheidungen. Wie viele Führungskräfte haben wohl an einem Workshop teilgenommen, in dem es um das Führen professioneller Einstellungsinterviews ging? Die wenigsten haben gelernt, wie man einen Einstellungsprozess systematisch plant und Anforderungen konkretisiert, wie man die richtigen Interviewfragen stellt und wie man zum Schluss die richtige Entscheidung fällt.

In diesem Buch haben wir für Sie unsere Erfahrungen aus den verschiedenen Perspektiven zusammenfließen lassen: aus Sicht des Personalvorstands, des Beraters und der Führungskraft. Alle Vorschläge, Checklisten und Vorlagen kommen aus unserer praktischen Arbeit. Entwickelt und verbessert haben wir sie unter anderem bei der Citibank in Deutschland, wo wir in großem Umfang trainiert und später zertifiziert haben: vom Vorstand über viele Führungskräfte, die Einstellungen vornahmen, bis hin zu den HR-Generalisten. Mit dieser Vorgehensweise konnten wir sicher sein, dass wir professionelle Einstellungsentscheidungen trafen.

Die Kunst des erfolgreichen Einstellungsinterviews

Einstellungsgespräche so erfolgreich zu führen, dass am Ende die richtige Entscheidung fällt, ist eine Kunst. Die gute Nachricht ist: Diese Kunst kann man lernen. Mit unserem Buch wollen wir zeigen, was Sie tun können, um Erfolg zu haben. Erfolg, der sich in geringeren Kosten von Fehlbesetzungen, in besserer Zusammenarbeit zwischen den Bereichen, in stärkerem Mitarbeiterengagement und in höherer Kundenzufriedenheit niederschlagen wird.

Noch ein Wort an unsere weiblichen Leser: Bitte entschuldigen Sie, dass wir durchgängig vom Kandidaten, Personaler oder Interviewer schreiben. Diese Entscheidung haben wir der besseren Lesbarkeit halber getroffen, aber wir richten uns selbstverständlich in gleichem Maß an Frauen.

Wir wünschen Ihnen viel Freude beim Lesen und viel Erfolg bei der Umsetzung

Dortmund, Pöttmes und München
im Herbst 2011

Ulrich Jordan
Birgit Külpp
Ines Bruckschen

Inhaltsverzeichnis

1 Über die Herausforderung, Kandidaten richtig einzuschätzen

Haben Sie das schon mal erlebt? Da haben Sie ein Team aus lauter hoch qualifizierten, erfahrenen und durchaus umgänglichen Menschen – und erreichen trotzdem zusammen nicht die Leistung, die Sie sich vorgestellt haben? Vielleicht, weil einfach keine neuen Ideen entstehen? Oder weil jeder am liebsten alleine vor sich hin tüftelt? Oder weil immer viel geredet, aber wenig umgesetzt wird? Das kann doch nicht so schwer sein – wenn sich jeder nur einfach ein bisschen bewegen würde ...

„Die Menschen sind weniger veränderbar, als wir glauben", schreiben Marcus Buckingham und Curt Coffman in ihrem Buch „Erfolgreiche Führung gegen alle Regeln" (Buckingham, Coffman 2001). Nachdem sie das Ergebnis einer Gallup-Befragung von 80.000 amerikanischen Führungskräften gelesen haben, erteilen sie den nüchternen Rat, man solle seine Zeit nicht darauf verschwenden, in Menschen etwas hineinstecken zu wollen, was die Natur weggelassen hat. Vielmehr solle man herausholen, was drin ist. Es sei viel erfolgversprechender, Mitarbeiter über ihre Stärken zu entwickeln, als allzu viel Zeit auf die Beseitigung ihrer Schwächen aufzuwenden.

Am besten wäre es natürlich, von Anfang an nur Kandidaten einzustellen, deren Stärken auch zu den Positionen passen, die wir besetzen möchten. Nur: Wie finden Sie heraus, was wirklich in dem Menschen steckt, der gerade vor Ihnen sitzt?

1.1 Welche Rolle spielt die Personaleinschätzung heute?

Führungskräfte und Personaler sind häufig überzeugt davon, dass sie Kandidaten für offene Positionen gut und realistisch einschätzen können. Die Zahlen – insbesondere im Bereich der Führungskräfte – sprechen allerdings eine andere Sprache. Laut einer Studie der amerikanischen Beratungsgesellschaft Leadership IQ von 2009 scheitern 46 Prozent aller neu eingestellten Mitarbeiter innerhalb der ersten 18 Monate. Die Studie basiert auf einer Befragung von über 5.000 Führungskräften, die mehr als 20.000 Mitarbeiter eingestellt hatten. Solche Quoten haben fatale Folgen für die Erfolgsaussichten der Unternehmen.

1.1.1 Wer die Messlatte höher hängt, besteht im Wettbewerb

Es ist eine Binsenweisheit, dass erfolgreiche Unternehmen nicht nur wegen ihrer überlegenen Geschäftsmodelle oder Technologien im Markt führend sind, sondern dass es die Qualität der Mitarbeiter und Führungskräfte ist, die letztlich über den Erfolg entscheidet. Und um diese Menschen wird mehr und mehr gekämpft, denn sie sind nicht grenzenlos vorhanden.

Das Märchen vom omnipotenten Vorstandsvorsitzenden, Geschäftsführer oder CEO, der durch seine Brillanz ein Unternehmen zu den höchsten Höhen treibt, war immer nur das: ein Märchen. Ohne die passenden Führungskräfte und Mitarbeiter auf allen Ebenen passiert gar nichts. Auf der intellektuellen Ebene verstehen das fast alle Vorgesetzten. Aber nur die wirklich erfolgreichen Manager handeln danach, indem sie jede Gelegenheit nutzen, um bei Neubesetzungen oder Beförderungen die Fähigkeiten der eigenen Organisation zu stärken. Und zwar durch das Einstellen sehr passender und damit erfolgreicher Kandidaten.

Dieses „Raising the Bar" – das Erhöhen der Messlatte – ist die einzige Möglichkeit, im harten Wettbewerb zu bestehen. Bei jeder Neueinstellung, bei jeder Beförderung schauen alle Mitarbeiter im Unternehmen auf die Qualität dessen, der da kommt. Hebt er den Standard, wird durch ihn die Leistung der Abteilung, des Bereichs besser? Oder nicht? Mit jeder Besetzung senden wir ein eindeutiges Signal an alle Mitarbeiter, die nun akribisch darauf achten: Wird unser Unternehmen stärker, bleibt es auf dem bestehenden Level oder wird es geschwächt? Alle sehen es und werden ihre Schlüsse daraus ziehen.

Neueinstellungen bieten vor allem die Chance, das Leistungsniveau von Teams zu entwickeln. Die Anforderungen an Mitarbeiter und Organisationen verändern sich in bislang nicht gekannter Geschwindigkeit. Das bedeutet auch, dass ein 100-prozentiges Leistungsvermögen, bezogen auf die Anforderungen von heute, in ein bis zwei Jahren wahrscheinlich nicht mehr ausreichen wird. Viele Menschen bewältigen heute ein vielfach größeres Arbeitsvolumen als noch vor zehn Jahren. Dazu hat die Komplexität ihrer Aufgaben sowohl inhaltlich als auch technisch neue Dimensionen angenommen. Ein wesentliches Kriterium der modernen Personalauswahl ist folglich neben der Einschätzung von Leistung und Kompetenz auch die des Potenzials, und zwar mit Fokus auf die Lern- und Veränderungsfähigkeit.

Abbildung 1 Raising the Bar: Steigende Erwartungen der Märkte bedeuten zunehmend höhere Erwartungen an die Mitarbeiterleistung.

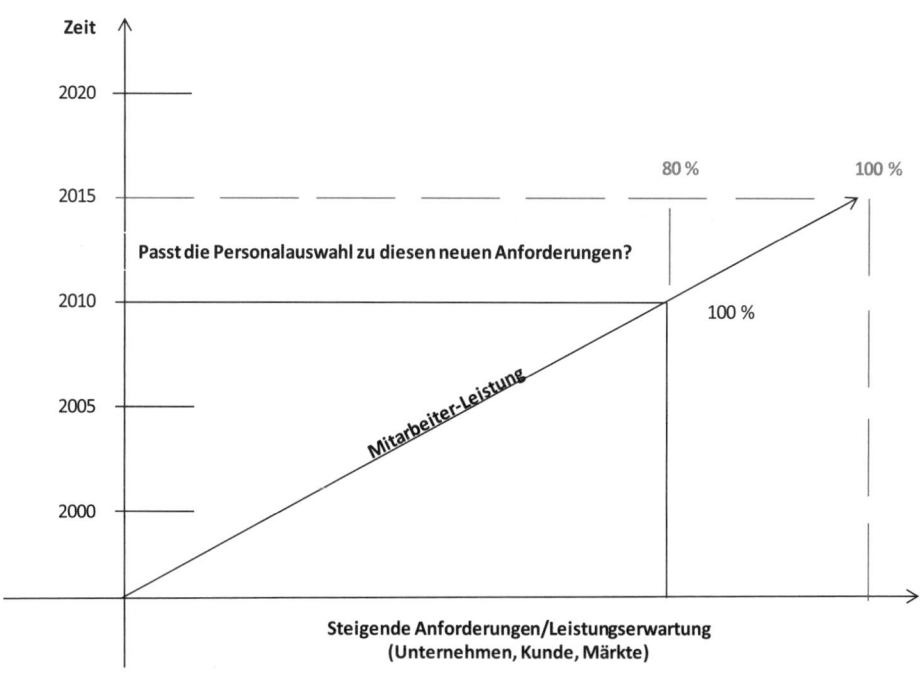

1.1.2 Fehlbesetzungen sind teurer als gedacht

Jede Fehlbesetzung kostet Geld – viel Geld. Neben den Einstellungskosten fallen vor allem die Ausfallkosten ins Gewicht, die durch nicht gemachten Umsatz, nicht erbrachte Leistungen und Ergebnisse oder verlorene Kunden entstehen. Abhängig von der zu besetzenden Stelle werden für die Rekrutierung meist Kosten in Höhe von 20 bis 40 Prozent des Jahreseinkommens kalkuliert, die für Anzeigen, Internetsuche, Personalberater, verlorene Arbeitszeit durch Kandidatenmanagement, Reisekostenübernahme von Kandidaten und so weiter anfallen. Selten werden die indirekten Kosten beschrieben und aufgerechnet. Das folgende Praxisbeispiel zeigt, dass diese Ausfallkosten die Einstellungskosten häufig um ein Vielfaches übersteigen können.

Aus der Praxis

Diese Beispielrechnung zeigt, welche Gesamtkosten anfallen können im Zusammenhang mit der Einstellung eines Vertriebsleiters bei einem mittelständischen Unternehmen mit einem Umsatz in dreistelliger Millionenhöhe. Er ist seit zwei Jahren beschäftigt und verdient 140.000 Euro.

Abbildung 2   Beispielrechnung Fehlbesetzungskosten

Beispielrechnung Fehlbesetzungskosten (Vertriebsleiter mit 140.000 Euro Jahresgehalt)		
Direkte Kosten	**in Jahresgehalt**	**in Euro**
Trennungskosten (Abfindung, ggf. Rechtskosten)	0,3	40.000
Einstellungskosten (Suche, Auswahl, Einarbeitung)	0,3	40.000
Notwendiger Gehaltsaufschlag (nur 1 Jahr betrachtet)	0,1	14.000
Indirekte Kosten		
Produktivitätsverlust in Trennungsphase	0,3	40.000
Produktivitätsverlust in Einarbeitungsphase	0,5	70.000
Produktivitätsverlust des Teams im Übergang 10 Mitarbeiter * 70.000 Euro Jahresgehalt * 1/3	1,7	230.000
Kommissarische Vertretung durch Vorgesetzten (1/10 Kapazität bei 200.000 Euro Jahresgehalt)	0,2	20.000
Erhöhung Fluktuation in Organisation (+6% bei 10 Mitarbeitern * 70.000 Euro Jahresgehalt)	0,3	40.000
Opportunitätskosten		
Entgangener Gewinn einmalig	5,0	700.000
Verlust von Image und Vertrauen bei Kunden	5,0	700.000
Summe	**13,6**	**1.894.000**

Quelle: lz 15-10, Rau Consultants GmbH

Zu den direkten Kosten gehören die Abfindung von mindestens einem Monatsgehalt pro Jahr und eventuell anfallende Rechtskosten, die sich schnell in überraschende Höhen entwickeln können. Bei der Einstellung des neuen Mitarbeiters fallen für externe Personalberater Honorare von etwa 30 Prozent des Jahresgehalts plus Nebenkosten an. Oft wird bei der Nachbesserung einer Fehlbesetzung ein signifikanter Gehaltsaufschlag erforderlich. Hinzu kommen Schulungen im Rahmen der Einarbeitung. Selbst bei vorsichtiger Schätzung summieren sich die direkten Kosten somit bereits auf zwei Drittel des Jahresgehalts. Das ist den Unternehmen meist bewusst.

Indirekte Kosten dagegen werden häufig übersehen. Sowohl in der Austritts- als auch in der Einarbeitungsphase entstehen Produktivitätsverluste. Denn der Vorgänger wird nach der Kündigung bis zu seinem Ausscheiden sicherlich nicht mehr 100 Prozent seiner Leistung erbringen. Und bei einer Fehlbesetzung ist ohnehin davon auszugehen, dass seine 100 Prozent bereits auf einem zu niedrigen Niveau für das Unternehmen lagen. Der Nachfolger braucht dann bis zu einem Jahr, um seine volle Produktivität zu erreichen.

In dieser Übergangsphase muss der Vorgesetzte oft einen Großteil seiner eigenen – und noch teureren – Kapazität einbringen: als kommissarischer Stelleninhaber und Mentor. Bei Führungspositionen multipliziert sich der Produktivitätsverlust im Team mit der Anzahl der Mitarbeiter, die während dieser Zeit ohne Führung, Orientierung oder Motivation sind. Zudem zieht eine Fehlbesetzung häufig einen Anstieg der Fluktuation nach sich. Das ist besonders schmerzlich, wenn ganze Teams zur Konkurrenz wechseln. Am Beispiel des Vertriebsleiters summieren sich die indirekten Kosten, vor allem aufgrund seiner Führungsverantwortung, auf knapp drei Jahresgehälter.

1.1.3 „Die Personalentwicklung kann ja nachbessern"

Bei der Neueinstellung ist klar, welche Defizite ein Kandidat mitbringt. Und natürlich kann und muss jeder von uns immer wieder dazulernen. Es kommt aber stark darauf an, welche Kompetenzen fehlen. Zahlreiche Studien (u.a. Corporate Leadership Council 2002) belegen eine eher ernüchternde Effektivität von Weiterbildung: Wissen und fachliche Kompetenzen lassen sich relativ gut aufbauen. Der Einfluss auf Verhalten und Einstellungsentwicklung ist jedoch vergleichsweise eingeschränkt.

Im besten Fall kann Personalentwicklung leistungsstarke Mitarbeiter noch besser machen und ihre Entwicklungen beschleunigen. Bei nicht motivierten oder leistungsschwachen Mitarbeitern erzielt sie dagegen im Durchschnitt keine nennenswerten Erfolge. Das bedeutet, dass Fehler in der Personalauswahl nur bedingt durch Training korrigiert werden können und damit die Personalauswahl in erheblichem Maße über die Leistungsstärke eines Unternehmens entscheidet.

1.1.4   Halbherzige Leistungsträger verabschieden sich bald wieder

Dass die langfristige Bindung von Leistungsträgern über den Erfolg von Unternehmen entscheidet, steht außer Zweifel. Der direkte Zusammenhang mit Einstellungsinterviews wird von vielen jedoch nicht erkannt. Firmeninterne Untersuchungen namhafter weltweit tätiger Unternehmen zeigen, dass Mitarbeiter, die innerhalb der ersten zwei bis drei Jahre das Unternehmen wieder verlassen, bereits beim Einstellungsgespräch ein „Störgefühl" hatten. Sie konnten deshalb von Anfang an nicht ganz klar „ja" zum Unternehmen und zu der Stelle sagen, starteten also eher „mit angezogener Handbremse", anstatt sich zu 100 Prozent einzulassen und sich wirklich mit dem neuen Arbeitgeber und der Aufgabe zu identifizieren.

Für die „Störgefühle" der Kandidaten und ihre eingeschränkte Identifikation mit dem Unternehmen gibt es eine Reihe von Ursachen:

- ■ Mangelnde Professionalität im Bewerber-Prozess:
  Vielleicht mussten die Kandidaten zu lange Wartezeiten auf Rückmeldungen in Kauf nehmen, etwa nach dem Eingang ihrer Bewerbung oder nach dem Interview.

- ■ Qualität des Einstellungsinterviews:
  Womöglich ließen auch die Qualität der persönlichen Vorstellung und der Fragen, das Maß an Abstimmung zwischen den Interviewern bis hin zur Verabschiedung und Erläuterung der nächsten Schritte zu wünschen übrig.

- ■ Unangenehme Gesprächsatmosphäre und schlechtes Beziehungsmanagement durch die Interviewer:

  - Ein zu hoher Gesprächsanteil bei den Interviewern zeigt zu wenig echtes Interesse, den Kandidaten wirklich kennenzulernen. Wie wollen Sie auf diese Weise herausfinden, ob er zum Unternehmen passt oder das Unternehmen zu ihm?
  - Eine Von-oben-herab-Kommunikation schreckt ab. Gemeint sind Aussagen wie: „Wir stellen die Fragen" … „ah verstehe, da haben Sie Ihre Leistungen wohl nicht so gebracht …", „… das war dann wohl der Grund, dass man sich von Ihnen getrennt hat …". Nach dem Motto: „Wir wissen – Sie nicht".
  - Eine ungenügende Gesprächsvorbereitung drückt mangelnde Wertschätzung gegenüber dem Kandidaten aus. Das ist der Fall, wenn der Lebenslauf des Gegenübers offensichtlich nicht gut genug bekannt war oder vertiefende Fragen oder Zusammenfassungen ausblieben.
  - Auch eine mangelnde Verbindlichkeit in den Aussagen und Zusagen zum weiteren Vorgehen verhindern das unbedingte Engagement von Leistungsträgern.

- ■ Einseitige, undifferenzierte Unternehmenspräsentation:
  Es ist alles andere als glaubwürdig, wenn die Interviewer alles beschönigen und immer wieder betonen, wie großartig das Unternehmen ist. Und dass jeder froh und dankbar sein kann, in einem solchen Unternehmen zu arbeiten.

1.1.5 Jede Einstellung sagt auch etwas über das Management aus

Ob ein Unternehmen gezielt daran arbeitet oder nicht: Als Arbeitgeber ist es eine Marke und hat als solche ein gutes oder ein weniger gutes Image. Insgesamt gibt es eine Reihe von Faktoren, die dieses Image als Marke mitgestalten. Auch jede Personalauswahl hat Einfluss auf dieses Image, denn Einstellungen sind grundsätzlich exponierte Entscheidungen. Das heißt, sie erregen Aufmerksamkeit und sind leicht angreifbar, weil sie zu Veränderungen führen. Innerhalb des Teams – aber auch von anderen Abteilungen der Organisation – wird geschaut: Wer ist der Neue? Wie wird sich diese Veränderung in der Besetzung des Teams auf mich auswirken? Wird meine Arbeit leichter, oder wird sie schwerer durch den Wechsel? Ist das ein Konkurrent? Ist er fachlich ein „Gewinn"? Und menschlich? Kann er eine „Lücke" füllen?

Abhängig von der Exponiertheit der Position kann die Besetzung durchaus auch im weiteren Außenverhältnis Aufmerksamkeit erregen, etwa bei Lieferanten, Kunden, Beratern oder Headhuntern und potenziellen Kandidaten. Fehlentscheidungen bringen in der Regel sowohl für das Team, als auch für das weitere Umfeld Unannehmlichkeiten. Durch eine erneute Einarbeitung oder Vertretung während der Nicht-Besetzung, bedeuten sie schließlich eine zusätzliche Arbeitsbelastung für einige Teammitglieder. Manche werden „vergeudete" Zeit bedauern, andere regen sich über den Neuen auf und sind enttäuscht vom Management. Alle diese Reaktionen kosten Energie und halten vom bestmöglichen Arbeitseinsatz ab.

Aus der Praxis

Eine Leitungsfunktion wird vakant. Ein oder mehrere Mitarbeiter machen sich Hoffnungen auf die Position, sie wird jedoch extern besetzt. Der Neue fängt an und erfüllt die Anforderungen nur eingeschränkt. Die Mitarbeiter des Teams beginnen, die Kompetenz des Managements und der HR Verantwortlichen infrage zu stellen. Die Leistungsmotivation des Teams sinkt, weil man ihnen einen „nicht-als-Gewinn" wahrgenommenen externen Kandidaten vorgezogen hat. Jemanden, der nicht mehr Potenzial besitzt als sie selbst, jetzt aber auch noch in allen Belangen Unterstützung von ihnen braucht, weil er weder die Branche noch die Unternehmenskultur kennt. Der Neue verlässt noch in der Probezeit das Unternehmen wieder. Bei der erneuten Suche nach einer geeigneten Besetzung bewerben sich die internen potenziellen Anwärter nicht mehr. Zudem sind sie nur bedingt bereit, einen Mehraufwand für die erneute Einarbeitungszeit zu leisten.

1.1.6　　Missfallen verbreitet sich schnell

Wie ein Unternehmen mit Kandidaten umgeht, so gehen häufig auch die Führungskräfte mit ihren Mitarbeitern um. Zumindest ist das ein Rückschluss, den Kandidaten häufig ziehen und der – oft unbewusst – auf ihre Entscheidung wirkt.

Eine alte Vertriebsweisheit sagt: Wenn jemandem etwas widerfährt, das ihm gefällt, erzählt er es zwei oder drei Menschen. Wenn ihm etwas widerfährt, das ihm nicht gefällt, erfahren acht bis zehn Menschen davon. Das gilt natürlich auch für Bewerbungsgespräche. Und in Zeiten der sozialen Netzwerke wie Facebook oder Xing reden wir noch mal über ganz andere, vor allem kaum kontrollierbare Dimensionen. Äußert sich etwa ein von der Professionalität des Unternehmens enttäuschter Kandidat direkt nach dem Interview verärgert oder zynisch auf Facebook oder Twitter, kann er sich vieler Leser sicher sein. Und das Unternehmens-Image kann Schaden nehmen.

1.2　　Welche Bedeutung wird die Personaleinschätzung in Zukunft haben?

Im internationalen Vergleich schneiden deutsche Unternehmen im Hinblick auf die Professionalität der Personalauswahl mit am schlechtesten ab. „Wir bewegen uns auf dem Niveau eines Entwicklungslandes", sagt Karl Westhoff, Professor für Diagnostik und Intervention an der TU Dresden. „Personalauswahl nach Gutsherrenart ist am Ende", prophezeit er, denn der demografische Wandel, steigende Wettbewerbsintensität und Fachkräftemangel zwängen die Unternehmen und Personalverantwortlichen zum Umdenken.

1.2.1　　Welche Trends beeinflussen den Arbeitsmarkt?

Die Globalisierung verändert den Wettbewerb zunehmend und nachhaltig. Unternehmen agieren international, Mitarbeiter müssen sich in virtuellen Teams zurechtfinden, kommuniziert wird immer schneller. Die Mitarbeiter von morgen werden noch anders gefordert als die von gestern. Wer heute eine verantwortungsvolle Aufgabe ausfüllt – egal in welchem Bereich –, bedient sich zum großen Teil anderer Prozesse, Methoden und Abläufe als sein Kollege noch vor fünf Jahren. Und die Entwicklung schreitet immer schneller voran. Vergangene Erfolge sind nicht das Entscheidende – aktuelle und zukünftige sind es.

Viele Personaler glauben immer noch, auch in Zukunft bequem aus dem großen Meer der Bewerber die besten Kandidaten herausfischen zu können. Zudem richten sie ihr Hauptaugenmerk zumeist auf den Lebenslauf und die bisher gemachten Erfahrungen der Kandidaten. Doch es wird zunehmend wichtiger, welches Veränderungs- und Weiterentwicklungspotenzial ein Kandidat mitbringt. Wir können natürlich nicht genau sagen, was die zunehmende Beschleunigung in fünf, zehn oder zwanzig Jahren für uns bedeuten wird. Doch es gibt ein paar Trends, mit denen wir uns auseinandersetzen müssen.

Demografie

Nach einer Studie des Instituts für Arbeitsmarkt- und Berufsforschung (IAB 13/2009), einer Forschungseinrichtung der Bundesagentur für Arbeit, geht die Zahl der erwerbsfähigen Menschen in Deutschland in den nächsten Jahren deutlich zurück. Demografisch bedingt würde das potenzielle Arbeitskräfteangebot, das der deutschen Wirtschaft zur Verfügung steht, zwischen 2008 und 2025 um 6,7 Millionen Personen abnehmen. Erwartet wird jedoch, dass sich die Erwerbsquote der Frauen in Deutschland erhöht und die Lebensarbeitszeit verlängert. Darüber hinaus rechnet das IAB mit einer Nettozuwanderung von 100.000 Personen pro Jahr. All dies könnte bedeuten, dass es 2025 „nur" 3,5 Millionen weniger Erwerbstätige gibt als heute. Bis 2050 rechnet das IAB gar mit einem Rückgang der Arbeitskräfte in Deutschland um 12 Millionen, bezogen auf 2008. Nur bei einer Verdopplung der Zuwanderung würde sich diese Zahl auf 8,2 Millionen reduzieren.

Für die Unternehmen und Mitarbeiter in unserem Land bedeutet das: Der Mangel an qualifizierten Mitarbeitern und Führungskräften, den wir momentan schon im Ingenieur-, IT- und Pflegebereich sehr deutlich zu spüren bekommen, wird sich in dramatischer Weise zuspitzen. Es wird in Zukunft immer schwieriger werden, die richtigen Kandidaten zum richtigen Zeitpunkt zu rekrutieren. Schon in der Vergangenheit war es so, dass es bei etwa fünf bis acht schriftlichen Bewerbungen zu einem Interview kam. Und dass dann etwa vier bis sieben Interviews notwendig waren, um den richtigen Kandidaten einzustellen. Die schlechte Nachricht für alle rekrutierenden Organisationen ist, dass es immer weniger Kandidaten geben wird, die sich für ein Unternehmen interessieren, weil der Markt immer weniger Kandidaten zur Verfügung stellt. Bereits heute wundern sich Personaler, dass auf Anzeigen in verschiedenen Suchportalen so gut wie keine Resonanz erfolgt.

Beschleunigte Globalisierung

Für die meisten europäischen Länder wird „Masse" kein differenzierender Faktor im globalen Wettbewerb werden können. Vielmehr wird denjenigen Unternehmen zukünftiger Erfolg prophezeit, die hervorragende Produkte und Dienstleistungen anbieten. Das bedeutet in der Folge, dass wir einen gewissen Anteil an Mitarbeitern, Experten und Führungskräften brauchen, die über hohe Fach- und Marktexpertise, Internationalität, die Fähigkeit zur Komplexitätsverarbeitung und hohe analytisch-strategische Fähigkeiten verfügen. Dazu müssen sie in der Lage sein, im Team kreative, neue Lösungen zu erarbeiten und diese in wirtschaftliche Konzepte umzusetzen. Diese Anforderungen sind heute in großen Handelsunternehmen genauso maßgebend wie in der IT-Branche, im Finanzdienstleistungsbereich oder im Maschinenbau – was noch vor zehn Jahren sicherlich anders definiert worden wäre.

Wertewandel

Natürlich gelten heute nicht mehr dieselben Werte wie vor zwanzig Jahren. Dafür hat sich zu viel verändert. Die sogenannte Generation C (C = content) stellt heute täglich zahllose Inhalte als Blogs oder Videos für jedermann sichtbar ins Internet. Da in vielen Familien beide Partner erwerbstätig sind, gibt es auch häufig keine klare Aufgabentrennung mehr zwischen Männern und Frauen. Sie tragen eine duale Verantwortung sowohl für den Gelderwerb als auch für das Wohlergehen in Partnerschaft und Familie. Dazu muss manchmal auch noch die Pflege eines Elternteils geleistet oder zumindest organisiert werden. Und schließlich erfahren soziale Engagements zunehmend Bedeutung, weil sich immer mehr Menschen fragen: „Welchen Beitrag kann ich für die Gesellschaft leisten?"

Es gibt noch viel mehr Beispiele für den Wertewandel in den vergangenen zwanzig Jahren. Für uns wichtig ist hier jedoch das Bewusstsein für diesen Umbruch und die daraus resultierende veränderte Arbeitsgestaltung. Auch die Anforderungen an Mitarbeiter und Führungskräfte wandeln sich in rasanter Geschwindigkeit. Daher nimmt auch die Bedeutung von persönlichkeitsbasierenden Kompetenzen wie Offenheit für Veränderung, Kommunikationsfähigkeit oder die Fähigkeit im Umgang mit Komplexität gegenüber spezifischem Fachwissen enorm zu.

Geschwindigkeit und Innovation

Hier gibt es zahllose Beispiele. Ein paar ausgewählte Zahlen sollen das Tempo veranschaulichen, mit dem wir alle mithalten müssen.

Aus der Praxis

Volvo benötigte noch vor ein paar Jahren 6 Jahre für die Entwicklung eines neuen Autos – aktuell 14 Monate.

Boeing benötigte für den Bau eines Airbus 767 ganze 2 Jahre – aktuell 3 Monate.

Hewlett Packard generiert momentan ca. 50% des Umsatzes von Produkten, die vor 12 Monaten noch nicht auf dem Markt existierten.

Sony launcht jede Stunde ein neues Produkt weltweit.

Disney launcht alle 5 Minuten ein neues Produkt.

Inditex – einer der weltweit führenden Mode-Einzelhändler – eröffnete 2007 alle 15 Stunden ein neues Geschäft.

Toyota benötigt 5 Tage zwischen Autobestellung mit individualisierter Spezifikation und Abholung des fertigen Wagens.

Quelle: Aus der Beraterpraxis

Digitales Leben und Soziale Netzwerke

Die sekundenschnelle Verbreitung von Informationen auf der Welt und das Phänomen, überall und jederzeit erreichbar zu sein, fordert von Mitarbeitern und Führungskräften eine neue Versiertheit und Affinität im Hinblick auf moderne Kommunikationstechniken und -verhaltensweisen. Um die ganze Vielfalt überhaupt nutzen zu können, müssen wir uns ständig in neue Hard- und Software einarbeiten. Telefonkonferenzen und E-Mail ermöglichen den kostengünstigen, unkomplizierten und ständigen Austausch mit Kollegen und Freunden. Und die gezielte Informationsbeschaffung über eine Web-Recherche ist mittlerweile zur Selbstverständlichkeit geworden.

Relativ neu, aber ausgesprochen einflussreich sind die sozialen Netzwerke wie Facebook, Twitter, Xing, LinkedIn, um nur einige zu nennen. Nahezu alle Studierenden und viele erfahrene Mitarbeiter tummeln sich dort. Rund um die Uhr wird um Meinungen gefragt, nach Informationen oder Experten gesucht, geplaudert und gepostet. Hier vermischt sich Privates mit Beruflichem. Weil die Unternehmen auf der Suche nach den größten Talenten natürlich dort fischen möchten, wo auch die Fische sind, trifft man sie auch immer häufiger in den sozialen Netzwerken („Social Networks"). Neben Informationen suchen die Mitglieder auch Möglichkeiten zu persönlichen Kontakten sowie zu ungehinderten Kommentaren und Diskussionen. Noch sind die meisten Unternehmen unsicher, wie sie damit umgehen sollen. Trotzdem werden hier auf Dauer aber auch nur diejenigen Firmen punkten, die sich glaubwürdig präsentieren und die fachkundige Mitarbeiter zur Betreuung der Foren bereitstellen.

Neue Mobilitätsmuster

Die veränderte Erreichbarkeit ermöglicht das Arbeiten unabhängig von festen Büroräumen und einer bestimmten Technik. Das wiederum führt zu immer flexibleren Arbeitszeiten und -orten. Auch hier ergibt sich für viele Jobs ein komplett anderes Anforderungsprofil, als es noch vor einigen Jahren der Fall war. Nicht nur im Vertrieb ist die Mobilität um ein Vielfaches gestiegen, auch in anderen Funktionen stehen Auslandsaufenthalte und Dienstreisen regelmäßig auf der Agenda. Dienstwagen werden teilweise durch Jahreskarten bei Autovermietungen ersetzt. Büros werden seltener gemietet und die Zahl der Home-Office-Arbeitsplätze ist in den letzten Jahren deutlich gestiegen, was sich wiederum auf das Kommunikations- und Teamverhalten in Organisationen auswirkt.

Karriereentwicklungen

Der Trend zu kürzeren Verweildauern pro Position hat sich in den letzten Jahren weiter fortgesetzt: Wurden geschäftsführende Stellen 2002 noch im Durchschnitt acht Jahre lang besetzt, hat sich die durchschnittliche Verweildauer heute auf unter vier Jahre verschoben, mit weiter sinkender Tendenz (Dr. Krauss 2010). Ein weiterer deutlicher Trend liegt in den steigenden „parallelen Verantwortungen" (Burud, 2004) von Angestellten, den Mischformen von Selbstständigkeit und Teilzeitbeschäftigungen. IT-Verantwortliche, Personalreferenten und Personalentwickler, die neben ihrer Festanstellung (unter Umständen in Teilzeit) parallel freiberuflich Beratungen und Coaching anbieten, sind keine Seltenheit mehr. Steigend ist auch die Zahl der Führungskräfte, die parallel Lehraktivitäten an Hochbeziehungsweise Business-Schulen übernehmen. So werden wir künftig immer mehr nicht-lineare Karriere-Entwicklungen antreffen bis hin zu echten Berufswechseln, dem Aufnehmen von (neuen) Studienrichtungen nach dem 30. Lebensjahr sowie berufsbegleitendem „Umsatteln".

1.2.2   Wie diese Trends auch die Personalauswahl beeinflussen

Wir ziehen aus diesen sich wandelnden Rahmenbedingungen drei wichtige Rückschlüsse, die sich auf den Prozess der Personalauswahl anwenden lassen:

■ **Fachwissen, Kompetenzen, Job-Expertisen und entsprechende Erfahrungen verlieren in Management-Positionen zum Teil an Bedeutung**
Menschen, die sich über Jahrzehnte primär auf ihren Fachbereich konzentriert haben und über ihre Fachexpertise erfolgreich waren, müssen zukünftig vermehrt die nötige Flexibilität zeigen für sich deutlich verändernde Anforderungen. Da die Zeiten für Einarbeitung und fachliche Entwicklung in Zukunft rapide sinken werden, gewinnen Potenzialfaktoren wie Lernfähigkeit und Flexibilität an Bedeutung (siehe nächstes Kapitel).

■ **Die Vergleichbarkeit von Job-Erfahrungen und künftigen Anforderungen sinkt**
Früher konnte man davon ausgehen, dass jemand, der seinen Job eine gewisse Zeit lang gut gemacht hat, im neuen Unternehmen wieder Erfolg haben würde. Das gilt heute weniger, da die Rahmenbedingungen und Einflüsse immer weniger vergleichbar sind. Die Dynamik innerhalb der Jobs und die Infrastrukturen verändern sich viel schneller und sind schwerer prognostizierbar. Ein Einkaufsleiter, der ein festes Team um sich hatte und alle Lieferanten kannte, wird unter Umständen in einem international agierenden Umfeld mit einem virtuellen Team in den verschiedenen Länder Europas nicht mehr so erfolgreich sein.
Auch differenzieren sich Organisationen unterschiedlicher Branchen im Rahmen der Globalisierung zunehmend: Für die IT Branche ist Innovation das höchste, wettbewerbsentscheidende Gut. Microsoft etwa generiert 20 Prozent seines Umsatzes aus Produkten, die es ein Jahr zuvor noch nicht gab, und hat seine gesamte Führungs- und Leistungskultur darauf ausgerichtet: Führungskräfte und Mitarbeiter werden von der Unternehmensleitung ermutigt, 15 Prozent ihrer Zeit für „wilde Ideen" einzusetzen. Discounter wie Walmart haben dagegen ihre ganze Unternehmenskultur auf das Thema Kostenbewusstsein ausgerichtet (Ulrich 2007). Hier werden die Führungskräfte aufgefordert, zunehmend Personalkosten einzusparen und Kostensynergien zu erwirken. Diese erfolgsprägenden, zum Teil branchenabhängigen Faktoren haben unzählige Auswirkungen auf den gelebten Alltag in den Unternehmen. Sie beeinflussen, wie Entscheidungen gefällt werden, worin investiert wird und worin nicht, und vor allem, was zum Erfolg führt und was nicht. Das erklärt auch, warum zum Beispiel ein bisher relativ erfolgreicher IT-Manager im neuen Umfeld mit einer grundsätzlich anderen Organisation, IT sowie Leistungs- und Erfolgsparametern womöglich weniger Erfolg hat.

■ **Mitarbeiter müssen auch zur Organisation passen, nicht nur zum Job**
Früher reichte es, das Anforderungsprofil der ausgeschriebenen Stelle mit dem Lebenslauf eines Kandidaten zu vergleichen. Passten Faktoren wie Aufgabenbereich, verantwortete Projekte, Mitarbeiterspanne, Budgets? Stellte sich dann in den Einstellungsinterviews heraus, dass er bisher mit relativem Erfolg gearbeitet hat und er sich zudem als angenehmer Gesprächspartner erwies, stand einer Einstellung nichts mehr im We-

ge. Heute und zukünftig gilt das nicht mehr so uneingeschränkt. Natürlich werden früher geschätzte Eigenschaften wie Fleiß oder Verbindlichkeit nicht hinfällig. Organisationen differenzieren jedoch ebenso wie Branchen zunehmend auch erfolgskritische Merkmale, die sich auf die Unternehmens- und vor allem auf die Führungskultur auswirken.

Abbildung 3   Mitarbeiter müssen auch zur Organisation passen, nicht nur zum Job

Früher	Heute und zukünftig zusätzlich
Verlässlichkeit, Verbindlichkeit	Flexibilität, Mobilität, Stress-Stabilität (Arbeitszeiten, Einsatzorte etc.)
Durchsetzungsvermögen	Selbstverantwortung, Kommunikationsstärke, Selbstorganisation
Fachwissen/Expertisen	Verarbeitung von Komplexität, Netzwerkarbeit, Analytische Fähigkeiten, Urteilsvermögen
Fleiß	Ergebnisorientierung, Kreativität, Innovation
Berufserfahrung	Offenheit für neue Erfahrungen/Lernfähigkeit Interkulturelle Kompetenz, Fähigkeit zur Arbeit in virtuellen Teams
Konservative Umgangsformen	IT/Medienbasierte Kommunikation

Quelle: in Anlehnung an Redecker 2005

Das Entscheidende ist, dass Mitarbeiter so engagiert (und nicht „nur" qualifiziert) sind, dass sie sich bereitwillig immer wieder auf Neues einlassen, Veränderungen initiieren und aktiv mitgestalten sowie sich ändernde Arbeitsbedingungen akzeptieren (IT, Zeitzonen, Arbeit in virtuellen Teams etc.). Dazu bedarf es zukünftig mehr als fachlicher Qualifikation oder technischen Know-hows oder eines berufspraktischen Erfahrungshintergrunds. Ob solche Fähigkeiten und Voraussetzungen vorhanden sind, gilt es, im erfolgreichen Interview herauszufinden.

Fazit

■ Einstellungsfehler haben schon heute weit reichende Konsequenzen: Die indirekten Kosten überschreiten die direkten Kosten von Einstellungsfehlern um ein Vielfaches, Fehlentscheidungen schwächen die Glaubwürdigkeit des Managements. Die Demotivation Einzelner oder ganzer Teams hat direkten Einfluss auf die Leistungsstärke der Organisation.

■ Art und Qualität des Auswahlprozesses sind imagebildend und relevante Auswahlkriterien für Leistungs- und Potenzialträger.

■ Die demografische Entwicklung in Deutschland führt dazu, dass Unternehmen immer weniger Kandidaten für ihre offenen Stellen finden werden.

■ Wirtschaftliche Rahmenbedingungen ändern sich in rascher Folge: Produktionszyklen verkürzen sich drastisch, deregulierte Märkte und der weltweite Zugriff auf Informationen führen zu einer beschleunigten Dynamik und Komplexität wirtschaftlicher Abläufe.

■ Die tief greifenden Veränderungen in den Arbeitsrealitäten erfordern neue Interview-Techniken im Bewerbungsprozess, damit Unternehmen die Kandidaten mit den entsprechenden Kompetenzen finden können. Wie diese Techniken aussehen, erfahren Sie in den nächsten Kapiteln.

2   Der Einstellungsprozess: Wie Sie den passenden Kandidaten finden

Das Interview ist einer der zentralen Stellhebel für Qualität und Wirksamkeit innerhalb des Einstellungsprozesses. Doch wir sollten auch den Gesamtprozess betrachten. Welche Einflüsse hat er auf eine erfolgreiche, effektive und effiziente Personalauswahl? Und wie lässt er sich professionalisieren?

Das Ergebnis eines optimierten Auswahlprozesses kann sich sehen lassen: Der Einsatz von validen und unterschiedlichen Instrumenten erhöht die Trefferquote gegenüber herkömmlichen Rekrutierungsprozessen von 50 auf 90 Prozent. Dies spiegelt sich auch im Budget wider: Bei 20 Stellenbesetzungen pro Jahr mit einem Durchschnittseinkommen von 100.000 Euro ergibt sich bereits im ersten Jahr über den Einsatz eines mehrstufigen Auswahlprozesses eine Kostenersparnis von mindestens 1,3 Millionen Euro (Norbert Maier, 2009).

Wohl jeder Recruiter kennt diese typische Situation im beruflichen Alltag: Eine Führungskraft ruft an oder „schneit" ins Büro mit der Botschaft, dass die Geschäftsleitung die Nach- oder Neubesetzung einer Stelle genehmigt hat und er sich daher wünscht, dass Sie sich sofort auf die Suche machen. Auf die Frage nach dem Anforderungsprofil bekommen Sie oft zu hören: „Ach, Sie wissen schon, wie immer." Oder: „Das Stellenprofil steht doch sowieso im Intranet." Dieses Beispiel pointiert nicht nur die tägliche Realität, sondern weist sogleich den Weg: weg vom punktuellen Reagieren hin zur strategischen Personalplanung und einem systematischen, professionellen Personalauswahlprozess.

Als ein entscheidendes Erfolgskriterium erleben wir in der Beraterpraxis dabei immer wieder die Abstimmung zwischen Personalern (HR) und Führungskräften (Linien-Management) während der einzelnen Schritte der Personalauswahl bis hin zur gemeinsamen Gestaltung und Auswertung des Interviews. Je klarer Sie also die einzelnen Phasen und Prozesse der Personalauswahl definieren und gestalten können, desto leichter und qualifizierter entwickelt sich auch das Zusammenspiel zwischen Führungskräften und Personalern und desto besser wird Ihre Auswahlentscheidung.

Der Gesamt-Auswahl-Prozess beinhaltet 4 Phasen und 8 Schritte:

Abbildung 4   Der Gesamtprozess

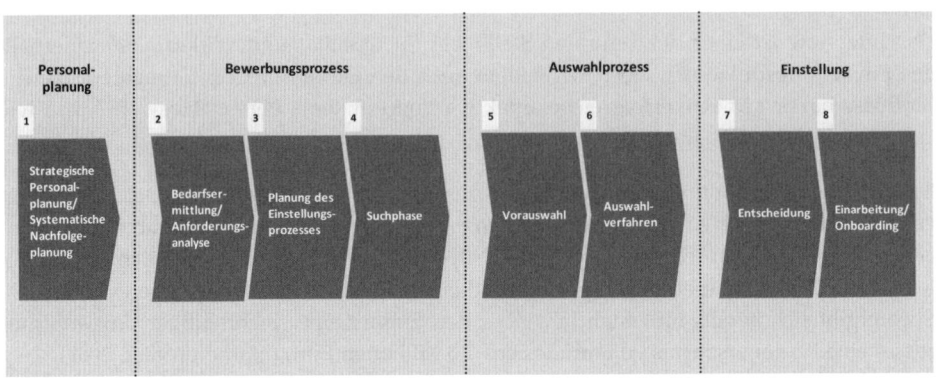

2.1   Strategische Personalplanung:
Von der offenen Stelle zur Besetzung

Zu Beginn steht die Frage, wie Sie die Personalbesetzung gestalten wollen: Reagieren oder strategisch agieren? Reagieren bedeutet hier: Ein Mitarbeiter kündigt oder wird gekündigt, Sie reagieren und beginnen mit der Suche. Strategisch agieren heißt: Sie wissen, welche kritischen Kompetenzen und Expertisen Sie im Unternehmen zukünftig benötigen, welche Mitarbeiterbewegungen Sie erwarten und wie sich der externe Kandidatenmarkt entwickelt. Sie haben ein genaues Bild davon, welche Mitarbeiter auf welchen Ebenen in welchen Unternehmensteilen zu welchem Zeitpunkt und mit welchem Ziel Sie entwickeln wollen. Und welche Positionen Sie aus guten Gründen extern besetzen wollen.

2.1.1   Systematische Personalbedarfsanalyse

Die systematische Personalbedarfsanalyse ermittelt den Status Ihrer aktuellen Personalbesetzungen. Sie berücksichtigt interne und externe Trends. Und sie analysiert, in welchen Funktionen der Organisation Sie welchen Bedarf haben werden.

Relevante **interne Trends** lassen sich zum Beispiel über folgende Faktoren ermitteln:

■ **Fluktuations-Rate:**
Neben der Gesamtfluktuation für das Unternehmen interessiert die Entwicklung folgender Zahlen:

– Anzahl der von Mitarbeitern und vom Unternehmen initiierten Kündigungen pro Unternehmensbereich (z.B. Vertrieb, Marketing, Finanzen, Produktion etc.)

- Anzahl der von Mitarbeitern und vom Unternehmen initiierten Kündigungen pro Mitarbeitergruppe (z.B. Vertriebsingenieure, Kaufleute, Ingenieure, Juristen etc. und pro Hierarchiestufe – Geschäftsleitungsmitglieder, Direktoren, Abteilungsleiter, Mitarbeiter)
- Fluktuation im ersten Beschäftigungsjahr („early attrition" pro Bereich und Mitarbeitergruppe)

■ **Leistungs- und Potenzialträgerverteilung im Unternehmen**, ebenfalls selektiert nach Bereichen und Mitarbeitergruppen:
Sie zeigt, an welchen Stellen Ihre stärksten Mitarbeiter und Führungskräfte tätig sind und an welchen Stellen und in welchen Bereichen Ihre Potenzialträger arbeiten.

■ **Nachfolgeplanung:**
Für welche Positionen haben Sie qualifizierte Back-ups in der Talent-Pipeline? In welchen Bereichen und für welche Aufgaben oder Anforderungen reichen die Nachwuchskräfte nicht aus?

■ **Altersstruktur:**
Sie gibt Ihnen Hinweise darauf, wer wann das Unternehmen verlassen wird und welche erfolgskritischen Kompetenzen ersetzt werden müssen.

■ **Diversity-Struktur:**
Sie zeigt Ihnen die Verteilung von Geschlechtern und Nationalitäten nach Hierarchiestufen und Bereichen und liefert Hinweise, wie Sie den Beitrag zur Erreichung strategischer Themen (z.B. im Hinblick auf Internationalisierung) durch gezielte Personalauswahl stärken können.

■ **Aus- und Weiterbildungsbedarf:**
Bei welchen **Themen** und **Kompetenzen** sehen Sie kontinuierlichen Aus- und Weiterbildungsbedarf?

Relevante **externe** Trends, die Sie in Ihre Personalplanung miteinbeziehen sollten, sind beispielsweise:

■ **Qualifikationsentwicklung:**
Wie entwickeln sich die Ausbildungsangebote und Studiengänge? Welche Inhalte werden während des Bachelor-Studiengangs vermittelt? Welche erst im Master-Studiengang? Welches Wissen wird nicht vermittelt, das Sie möglicherweise in der Einarbeitung trainieren müssen?

■ **Nachfrageentwicklung am Markt:**
Welche Kompetenzen sucht der Markt in Zukunft? Welche Kompetenzen werden verstärkt für welche Berufsfelder relevant (z.B. Elektronik für die Maschinenbauindustrie, Einkauf und Finanzen für den Handel etc.)?

■ **Internationale Bewerbermarktentwicklungen:**
Welche Kompetenzen sind für den Eintritt in einen internationalen Markt vorhanden oder verfügbar, welche nicht? Mit welchem Wissen kommen Studienabgänger aus anderen Ländern zu uns? Was beherrschen sie gut, was weniger gut?

Nachdem Sie Ihren Personalbedarf systematisch analysiert haben, wissen Sie, in welchen Bereichen Ihre Organisation gut besetzt und abgesichert ist und wo Sie künftig verstärken müssen. Neben der aktuellen Personalbesetzung müssen Sie sich jedoch auch damit auseinander setzen, wie Sie frei werdende Positionen behandeln wollen.

2.1.2 Systematische interne Nachfolgeplanung

Um beurteilen zu können, welches Potenzial Mitarbeiter und Führungskräfte für eine eventuelle Weiterentwicklung mitbringen, ist es notwendig, einmal im Jahr eine Einschätzung vorzunehmen. Erst dann ist eine systematische Nachfolgeplanung möglich. Für die Leistungs- und Potenzialeinschätzung stehen Ihnen folgende Instrumente zur Verfügung:

Abbildung 5   Systematische interne Nachfolgeplanung

Instrumente	Inhalt
Mitarbeiterbeurteilung	Gespräch zur Wahrnehmung und Bewertung eines Mitarbeiters hinsichtlich der Arbeitsleistung (Qualität/Quantität) und der Kompetenzen: fachliche wie überfachliche Kompetenzen, Motivation, Belastbarkeit, Verhalten gegenüber Vorgesetzten, Kunden und Mitarbeitern sowie potenzielle Entwicklungsmöglichkeiten.
Development Interviews	Gespräch mit der Zielsetzung der Potenzialeinschätzung eines Mitarbeiters im Hinblick auf die Übernahme weiterführender (vertikale Entwicklung) oder anderer (horizontale Entwicklung) Aufgaben, Rollen und Verantwortungen. Häufig auch als Selektionsverfahren vor der Teilnahme an einem Development Center eingesetzt.
Assessment Center	Zielsetzung des Assessment Centers ist es, aus einem Pool von (internen/extenen) Bewerbern den geeigneten Kandidaten für die Besetzung einer Position auszuwählen. In der Regel halb- bis zweitägige Veranstaltung für 4 bis 12 Teilnehmer mit dem Ziel der Potenzialeinschätzung im Hinblick auf die Übernahme weiterführender Aufgaben, Rollen und Verantwortungen. Die Teilnehmer durchlaufen einen Mix an Aufgaben und Übungen, die die Anforderungen der möglichen Zielposition widerspiegeln.

Instrumente	Inhalt
Development Center	Anders als beim Assessment Center ist die Zielsetzung des DCs nicht auf die Besetzung einer Stelle ausgerichtet, sondern auf die Entwicklung von fähigen Mitarbeitern/Führungskräften. In der Regel halb- bis zweitägige Veranstaltung für 4 bis 12 Teilnehmer mit dem Ziel der Potenzialeinschätzung im Hinblick auf eine zielgerichtete Entwicklung. Die Teilnehmer durchlaufen einen Mix an Aufgaben und Übungen, die die Anforderungen möglicher Zielpositionen widerspiegeln (horizontal wie vertikal).
Potenzialanalysen	In der Regel Einschätzungsverfahren, heute häufig Online-Fragebogen oder Testverfahren, z.B. Intelligenztests (s. Watson-Glaser-Test, S. 53), Führungsinventare (z.B. Reflector-Big5 Personality , Hogan-Inventar, Lomminger, 360° Interview etc.) oder Motiv-Profile (s. Reiss-Profil, S. 54, 93 ff.) zur gezielten Potenzialeinschätzung und Ableitung von Entwicklungsmöglichkeiten und/oder zur Bestimmung der Qualifizierung für die Übernahme von weiterführenden/anderen Aufgaben, Rollen und Verantwortungen.
Management Audit	Systematische Einschätzung von Kompetenzen und Leistungspotenzialen von Führungskräften im Hinblick auf den strategischen Erfolg eines Unternehmens. Sie werden in der Regel durch externe Berater durchgeführt. Die Ergebnisse resultieren in eine gezielte Führungskräfteentwicklung oder Nachfolgeplanung und werden für die Einschätzung des Unternehmenswertes im Falle von Übernahmen und Fusionen eingesetzt. Die externe (neutrale) Meinung wird auch im Rahmen von Umstrukturierungen oder Fusionen bei wichtigen personalpolitischen Entscheidungen geschätzt.

Aber Achtung: Leistung ist nicht gleich Potenzial! In der Praxis der Mitarbeitereinschätzung werden Potenzial und Leistung leider oft verwechselt. Mitarbeitern, die starke Leistungen erbringen, weil sie ihre Ziele erreichen oder übererfüllen, wird häufig automatisch Potenzial zugeschrieben. Fragt man nach, über welches Potenzial der Mitarbeiter verfüge, heißt es oft: „Der Mitarbeiter hat mehr geschafft als seine Kollegen". Damit spricht der Vorgesetzte aber über die momentane Leistung. Hinweise auf Eigenschaften und Beispiele im Verhalten, die zeigen, dass Potenzial für die nächsthöhere Ebene vorhanden ist, können häufig nicht genannt werden. Das ist nachvollziehbar, da viele Führungskräfte noch nicht viel über die Abgrenzung von Leistung und Potenzial gehört haben. Häufig sehen wir im Berateralltag auch, dass Engagement und Fleiß in diesem Zusammenhang fehlbewertet und ebenfalls mit Potenzial gleichgesetzt werden. Engagement und Fleiß sind zwar notwendige Voraussetzungen für den Erfolg und die Übernahme weiterführender Aufgaben – aber allein nicht hinreichend.

Um das Potenzial eines Mitarbeiters oder einer Führungskraft ermitteln zu können, müssen neben Leistung und Engagement weitere Bestimmungsgrößen einbezogen werden. Unserer Erfahrung nach haben sich folgende Potenzialfaktoren als am besten geeignet erwiesen:

- **Die Fähigkeit, Komplexität zu verarbeiten** – also in der Lage zu sein, in komplexen Situationen erfolgreich zu agieren und Probleme zu lösen. Dazu gehört auch die Fähigkeit, Komplexitäten addressatengerecht vereinfacht darzustellen.

- **Die Motivation aus dem Ungelösten** – gemeint ist der Impuls, ungelöste Situationen sofort anzugehen, zu lösen und daraus Motivation zu schöpfen.

- **Impuls auf soziale Systeme** – der Wunsch und die Fähigkeit, Richtungen vorzugeben, Entscheidungen zu treffen sowie Menschen und Teams zu beeinflussen und zu führen.

- **Lernflexibilität und Wachstumswille** – die Suche nach neuen, herausfordernden Aufgaben und die Fähigkeit, aus dem Gelernten relevante Rückschlüsse auf neue Aufgaben zu ziehen.

(in Anlehnung an Wildenmann Gruppe, www.wildenmann.com. Weiterführende Erklärungen siehe Kapitel 3.)

Bei der Leistungsbeurteilung geht es um erlernbare Kompetenzen, Potenzialfaktoren hingegen sind nicht erlernbar. Mit anderen Worten: Man hat es oder man hat es nicht. Dies bedeutet allerdings nicht, dass jeder, der über dieses Potenzial verfügt, es auch nutzt. Potenzialbesitzer sind nicht automatisch auch Potenzialnutzer!

Die folgende einfache Matrix fasst die Dimensionen Leistung und Potenzial zusammen. Sie kann als Basis für wichtige Personalentscheidungen herangezogen werden. Wer ist beispielsweise so gut in seiner Leistung und damit wichtig für unsere Organisation, dass wir alles tun, um ihn zu halten? Oder: Wer zeigt so viel Potenzial, dass wir ihm in nächster Zeit eine höherwertige Aufgabe anbieten müssen?

Abbildung 6   Potenzial-Leistungs-Matrix 1

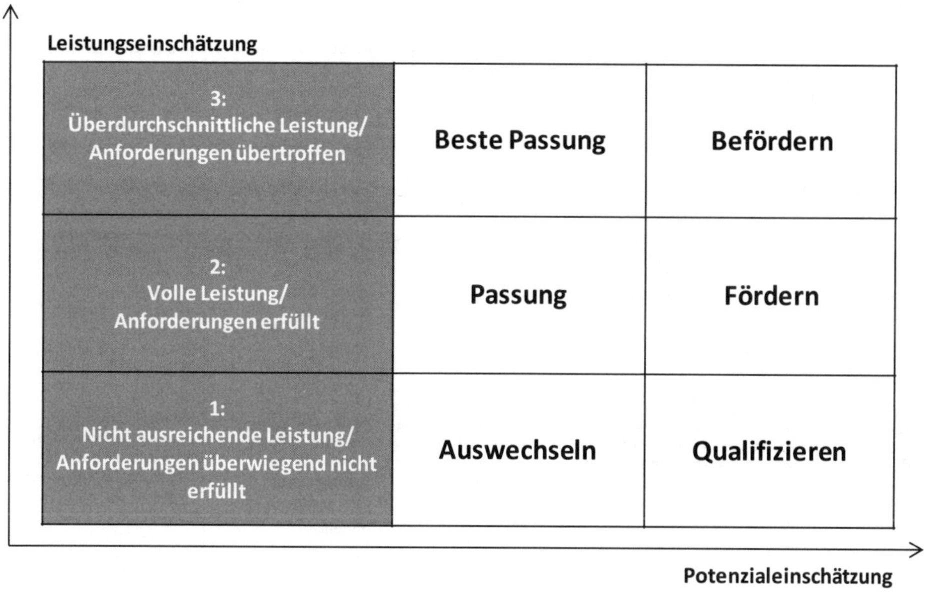

Leistungseinschätzung		
3: Überdurchschnittliche Leistung/ Anforderungen übertroffen	**Beste Passung**	**Befördern**
2: Volle Leistung/ Anforderungen erfüllt	**Passung**	**Fördern**
1: Nicht ausreichende Leistung/ Anforderungen überwiegend nicht erfüllt	**Auswechseln**	**Qualifizieren**

Potenzialeinschätzung

Noch differenzierter sind die Dimensionen in der folgenden Matrix zu sehen:

Abbildung 7   Potenzial-Leistungs-Matrix 2

	(A) Entwicklungsziel aus heutiger Sicht erreicht	(B) Potenzial für andere/gleiche Aufgaben auf gleicher Ebene (horizontal)	(C) Potenzial für Aufgaben in einer nächsthöheren Ebene (+1)	(D) Potenzial für Aufgaben für mindestens zwei Ebenen (+2)
3: Überdurchschnittliche Leistung/Anforderungen übertroffen	**A3** Karrierewunsch nicht vorhanden oder temporäre Gründe > Erwartungsklärung/ Perspektive/Zeitachse	**B3** Breites fachliches Interesse, kein hierarchisches Interesse > Job-Rotation, Job-Enrichment	**C3** Kann jetzt größere und/oder komplexere Aufgaben übernehmen > Beförderung spätestens in 12 Monaten und Fördermaßnahme	**D3** Überdurchschnittliche Leistung und sofort Potenzial für nächst-höheres Level > direkt befördern (max. 6 Monate) warten und Fördermaßnahme
2: Volle Leistung/ Anforderungen erfüllt	**A2** Fachliche Qualifikation sicher stellen und hegen/pflegen (bei Gehaltserhöhungen nicht vergessen)	**B2** Breites fachliches Interesse, kein hierarchisches Interesse > Job-Rotation, Job-Enrichment	**C2** Voraussetzung schaffen, dass die Leistung überdurchschnittlich wird > z.B. Förderprogramm; Zeitachse Beförderung 18-24 Monate	**D2** Voraussetzung schaffen, dass die Leistung über-durchschnittlich wird, Rahmenbedingungen, individuelles Coaching/ Förderprogramm; Zeitachse Beförderung 12-18 Monate
1: Nicht ausreichende Leistung/Anforderungen überwiegend nicht erfüllt	**A1** Nicht ausreichende Leistung > schnell auswechseln (oder „Schadensbegrenzung", wenn Austausch nicht möglich)	**B1** Nicht ausreichende Leistung mit Potenzial für größeren (!) Job – Unwahrscheinlich > Kritikgespräch/ggf. umbesetzen	**C1** Rahmenbedingungen, Ursachen, Führung klären > schnelle Umbesetzung/ Änderung/Klärung (6 Monate)	**D1** Rahmenbedingungen, Ursachen, Führung klären > schnellstmögliche Umbesetzung/Änderung/ Klärung (3 Monate)

Die systematische Erfassung von Ergebnissen der Potenzial-Leistungs-Analyse von Mitarbeitern eignet sich sehr gut zur Nachfolgeplanung. Professionell aufgestellte Unternehmen aktualisieren ihre Nachfolgeplanung für alle Führungsebenen zudem in jährlichen Personalentwicklungs-Meetings.

| Abbildung 8 | Beispiel-Vorlage für die Nachfolgeplanung und Sicherung von Back-ups zentraler Funktionen im Unternehmen |

2.1.3   Systematische externe Nachfolgeplanung

Wenn Sie unter den vorhandenen Mitarbeitern niemanden finden, der optimal zu der gesuchten Position passt, müssen Sie Ihre Suche systematisch nach außen verlagern. Die externe Nachfolgeplanung unterscheidet zwischen passiver und aktiver Personalbeschaffung. Passive Personalbeschaffung erfolgt durch die Bearbeitung und Archivierung eingehender Initiativbewerbungen. Eine konkrete Publikation des Personalbedarfs durch Stellenanzeigen erfolgt nicht. Bei einer notwendigen Nachbesetzung werden zuerst die Kandidaten aus dem Pool herangezogen und zur Auswahl gestellt. Weitere Möglichkeiten ergeben sich aus der Nutzung vorhandener Bewerberdatenbanken, beispielsweise im Internet. Die aktive Personalbeschaffung dagegen greift bedarfsbezogen auf verschiedene Medien zurück, um gezielt Kandidaten für eine definierte Stelle anzusprechen. Neben zielgerichteter Werbung kommen andere Beschaffungskanäle in Betracht – beispielsweise die eigene Unternehmens-Homepage, Internetsuchportale, proaktives Hochschulmarketing, die Vergabe von Praktika und Diplomarbeiten oder der Einsatz von Werkstudenten. Darüber hinaus können Vermittler eingeschaltet und Mitarbeiter-werben-Mitarbeiter-Initiativen als fester Rekrutierungskanal etabliert werden (siehe auch Kapitel 2.2.3 Wie und wo unterbreiten Sie Ihr Angebot?).

2.2   Der Bewerbungsprozess: Vom Bedarf zur gezielten Suche

Grundsätzlich sollten Sie sich bei jeder frei werdenden Position immer fragen: „Brauchen wir überhaupt einen Nachfolger? Oder brauchen wir eine neu definierte Stelle?" Wären nicht vielleicht Kandidaten mit ganz anderen Eigenschaften und Qualifikationen besser geeignet, um die strategischen Ziele der Position zu erreichen? Wie Sie valide Antworten auf derartige Fragen erarbeiten, zeigt der folgende Abschnitt.

2.2.1   Bedarfsermittlung und Anforderungsanalyse: Wen suchen Sie denn wirklich?

Die Stellenanalyse ist der unverzichtbare Arbeitsschritt am Beginn des Rekrutierungsprozesses und entscheidet maßgeblich über den Erfolg der weiteren Schritte. Sind sich die verantwortliche Führungskraft für die offene Position (der Bedarfsträger) und der Recruiter nicht einig und im Klaren über die erfolgskritischen Anforderungen, bleibt der Erfolg des Auswahlprozesses teilweise dem Zufall überlassen.

Das Stellenprofil

In einem ersten Schritt ist genau festzuhalten, um welche Position es sich handelt, welche Aufgaben erfüllt und welche Ziele erreicht werden sollen. Dabei helfen folgende Fragen:

- Muss die Stelle tatsächlich besetzt werden? Welche Arbeit bleibt sonst liegen?

- Wie lautet die Bezeichnung der Stelle?

- Welches Ziel soll die ausgeschriebene Position anstreben?

- Was soll das Ergebnis der Arbeit des Stelleninhabers sein?

- Woran werden wir in einem Jahr seinen Erfolg messen?

- Welche sind die vier bis sechs Hauptaufgaben des Stelleninhabers?

- In welchem Kontext agiert der neue Stelleninhaber? Welche Fähigkeiten und Entwicklungsbedarfe haben seine Kollegen, Mitarbeiter und Vorgesetzten?

- Welche Veränderungen im Markt, im Kundenverhalten, im eigenen Unternehmen werden Einfluss auf die Stelle haben?

(Weitere Erläuterungen und Praxisbeispiele finden Sie im nächsten Kapitel.)

Das Anforderungsprofil

Im zweiten Schritt geht es um die persönlichen Fähigkeiten, Kompetenzen und Eigenschaften, die Sie von Ihren Kandidaten erwarten. Die Anforderungen an den neuen Stelleninhaber basieren auf dem bereits erarbeiteten Stellenprofil und beantworten die Fragen:

- Welche Ausbildung(en) kann/muss der Kandidat erfolgreich absolviert haben?

- Welche Berufserfahrung kann/muss er vorweisen können?

- Welche fachlichen Kompetenzen benötigt der Kandidat?

- Welche persönlichen und sozialen Kompetenzen kann/muss er mitbringen?

- Welche Ergebnisse muss er in vorherigen Aufgaben schon erzielt haben?

- Was sind die in diesem Job erforderlichen erfolgskritischen Verhaltensweisen? Was unterscheidet den sehr guten von einem guten oder einem mittelmäßigen Stelleninhaber in seinem Verhalten in erfolgskritischen Situationen?

Abbildung 9   Checkliste zur Anforderungsklärung

1. Positionsbezeichnung und Aufgaben:	Rolle:	Ergebnisbeitrag:
2. Erfolgskritische Situationen:	Erfolgskritische Entscheidungen und Verhalten:	
3. Fachliche Voraussetzungen/ erforderliche Expertisen:	Muss:	Kann:
4. Kernkompetenzen z.B.: - Ziel-/Ergebnisorientierung - Analytische-strategische Kompetenz - Kundenorientierung - Teamfähigkeit und interkulturelle Kompetenz - Veränderungsfähigkeit - Leistungsfähigkeit und Belastbarkeit - Selbstorganisation und Planungskompetenz	Muss (Konkretisierung):	Kann (Konkretisierung):
5. Zusätzliche Anforderungen: - Mobilität - Sprachen - etc.		

Wer der Verführung erliegt, auf die genaue Analyse der zu besetzenden Stelle und den dazugehörigen Anforderungen im Vorfeld der Suche zu verzichten, wird unter Umständen mit der Qualität der Bewerbungen unzufrieden sein. Dann muss der Personalbereich viele unpassende Bewerbungen bearbeiten, was unnötig Zeit und Ressourcen bindet.

2.2.2   Die Planung: Wann passiert was?

Die Stellenplanung sollten der zuständige Personaler und der künftige direkte Vorgesetzte immer gemeinsam vornehmen. Sie entwirft ein gemeinsames klares Bild von der zu besetzenden Stelle in der Unternehmensorganisation und von der Person, die Sie idealerweise als neuen Mitarbeiter dafür gewinnen wollen.

Das Vorliegen des Stellen- und Anforderungsprofils ermöglicht Ihnen nun, die nächsten Projektschritte zeitlich festzulegen:

- Auf welche Weise, mit welchen Medien und wie lange wollen Sie suchen?

- Welche Auswahlschritte werden wann unternommen?

- Wann soll die Entscheidung fallen, und wer soll einbezogen werden?

- Wann soll der neue Mitarbeiter zu seinem ersten Arbeitstag antreten?

Diese zeitliche Festlegung ist möglich, weil Ihnen alle dafür notwendigen Informationen vorliegen. Auf Basis des Anforderungsprofils können Sie bestimmen, welche Beschaffungskanäle Sie auswählen.

Eine genaue Festlegung der Termine erlaubt Ihnen eine präzise Planung und stellt sicher, dass Sie möglichst schnell zu einer guten Besetzung kommen. Dies erhöht Ihre Chance, den am besten geeigneten Kandidaten für sich zu gewinnen. Dieser ist, wie wir alle wissen, immer nur kurz auf dem Arbeitsmarkt verfügbar.

Wer auf die zeitliche Planung verzichtet, riskiert damit, dass die zuständige Führungskraft keine Zeit für Bewerbungsgespräche oder die Teilnahme als Beobachter an einem Assessment Center hat, nachdem ein entsprechender Kandidatenpool generiert wurde. Oder dass nur von einem Schritt zum nächsten geplant werden kann und sich der Gesamtprozess deshalb über mehrere Monate hinzieht, obwohl er auch in sechs bis acht Wochen hätte abgewickelt werden können.

Abbildung 10 Vorlage zur Planung des Einstellungsprozesses

Prozess-Schritte	Was? Mit welchem Ergebnis? Qualitätsstandard/Erfolgsparameter?	Wer?	Bis wann?	Nächster Schritt?
Anforderungen • Stellenprofil • Kann/Muss-Katalog				
Suchphase • Interne Ausschreibung • Externe Ausschreibung • Medien • Personaldienstleister				
Auswahlschritte • Analyse der Bewerbungsunterlagen • Telefon-Interviews? • Arbeitsproben? Praxissimulationen? • Auswahl A Kandidaten (Anzahl)				
Entscheidungsphase • Auswertung der Interviews (s. Checkliste Kandidaten Auswertung)				
Arbeitsbeginn				

2.2.3 Wie und wo unterbreiten Sie Ihr Angebot?

Unserer langjährigen Erfahrung nach sind die Anforderungen für die Suche häufig unpräzise formuliert. Schauen Sie mal auf eine der Jobbörsen im Internet und vergleichen Sie die Texte, mit denen die neuen Mitarbeiter gesucht werden. Egal, ob für eine Betriebskrankenkasse, für ein Solarenergie-Unternehmen oder für eine Regionalbank gesucht wird, Vertriebspositionen hören sich beispielsweise alle sehr ähnlich an, obwohl Welten zwischen den Zielen, Aufgaben und Unternehmenskulturen liegen. Diese Alleinstellungsmerkmale werden viel zu selten herausgearbeitet. Gute Kandidaten wollen jedoch von vornherein konkret informiert und realitätsbezogen angesprochen werden. Den Aufwand, den Sie hier betreiben, um sich von Ihren Wettbewerbern zu unterscheiden, sich als attraktiver Arbeitgeber darzustellen und die Anforderungen wirklichkeitsnah abzubilden, werden Sie in Form einer hohen Kandidaten-Qualität zurückbekommen.

Welche Suchmedien eignen sich? Klassische Zeitungs-Stellenausschreibungen gehörten vor zehn Jahren noch zu den beliebtesten Kanälen, haben heute aber enorm an Bedeutung verloren. In der Regel nutzen die Unternehmen derzeit folgende Möglichkeiten:

- Anzeigen im Internet

- Anzeigen in Jobbörsen

- Online-Netzwerke (z.B. Xing, Twitter, Facebook)

- Beauftragung von Personalvermittlern

- College Recruiting und Hochschulmarketing

- Unternehmenskontaktmessen (z.B. Bewerber-Messen und Hochschulmessen)

- formelle und informelle Netzwerke

- Mitarbeiter-werben-Mitarbeiter-Initiativen

Einer der wirksamsten Rekrutierungskanäle aus unserer Erfahrung heißt „Mitarbeiter werben Mitarbeiter". Es gibt niemanden, der mit größerer Kenntnis und Glaubwürdigkeit über seinen Arbeitgeber berichten kann, als die eigenen Mitarbeiter. Erfolgreiche Unternehmen setzen deshalb auf diesen Kanal, weil sie wissen, dass ihre Mitarbeiter hervorragende Botschafter ihrer Marke sind und diese Rolle auch gern und mit Stolz spielen. Wir kennen Organisationen, die etwa die Hälfte ihrer Einstellungen auf diese Weise vornehmen.

2.3   Der Auswahlprozess: Von der Grob- zur Feinabstimmung

Das Konzept des „Best Placements", also der bestmöglichen Besetzung, ist bei vielen Unternehmen in der HR-Strategie verankert. Aber nur, wenn Sie die Anforderungen richtig spezifiziert, den Einstellungsprozess gut geplant, die Suchmedien richtig ausgewählt und sich dort für die guten Kandidaten richtig präsentiert haben, können Sie guter Hoffnung sein, dass Aufwand und Ertrag in einem günstigen Verhältnis stehen. Um an die Besten zu kommen, müssen Sie allerdings alle Schritte der so genannten Recruiting-Pipeline (s. Abb. 11) konsequent sorgfältig angehen und durchführen. Im Folgenden werden die einzelnen Schritte eingehend erläutert.

Abbildung 11   Recruiting-Pipeline

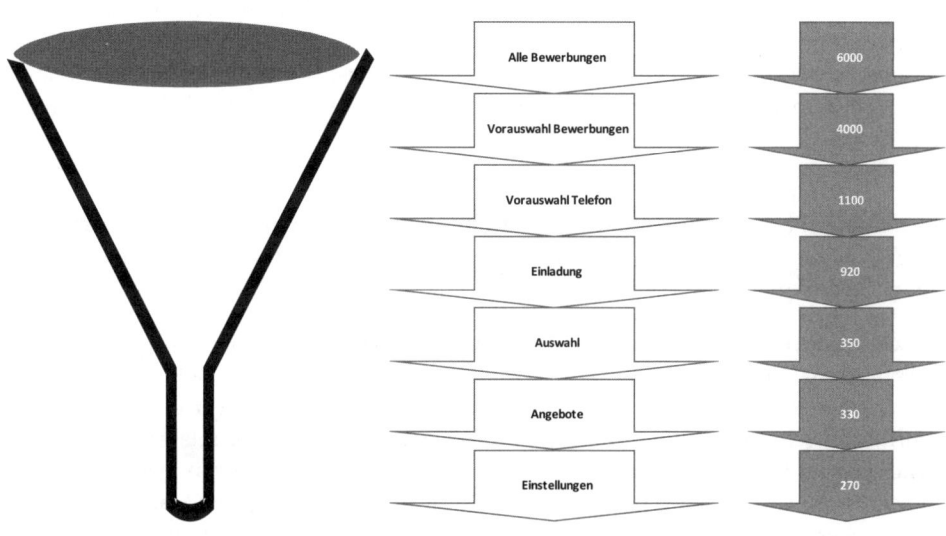

Alle Bewerbungen	6000
Vorauswahl Bewerbungen	4000
Vorauswahl Telefon	1100
Einladung	920
Auswahl	350
Angebote	330
Einstellungen	270

Quelle: Christof Fertsch-Röver, Dr. Sourisseaux, Lüdemann & Partner

2.3.1   Die Vorauswahl: Was zählt bei der Analyse von Bewerbungsunterlagen?

Die Vorauswahl lässt sich noch einmal in zwei Schritte unterteilen: die Sichtung der schriftlichen Bewerbungen und die weitere Selektion per Telefon. So sieben Sie für die zeitaufwendigen Bewerbungs-Interviews diejenigen Kandidaten aus, die wirklich passen könnten und die besten Aussichten mitbringen.

Die Analyse der schriftlichen Bewerbungsunterlagen

Die schriftlichen Bewerbungen sollten Sie sehr genau prüfen, um anhand des Anforderungsprofils und seiner Kriterien eine begründete Vorauswahl zu treffen:

■ Wem sagen Sie direkt ab? Und warum?

■ Mit wem führen Sie ein telefonisches Interview?

■ Wen laden Sie anschließend wahrscheinlich zum Bewerbungsgespräch ein?

Die Bewerbungsunterlagen liefern eine erste Arbeitsprobe des Kandidaten und geben Hinweise darauf, wie er sich darstellt. Viele Bewerbungen sind sachlich und neutral gehalten und lassen keine direkten Schlüsse auf die besonderen Merkmale des Kandidaten zu. Allerdings gibt es häufig positive oder negative Abweichungen. Letztere zeigen sich unter anderem in kaum lesbaren Kopien, fehlenden oder unvollständigen Unterlagen, fehlender konkreter Bezugnahme auf die Stellenanzeige, lapidarem, nichtssagendem Anschreiben (womöglich einem Serienbrief), mangelhafter Struktur im Lebenslauf, ungeordneter Folge der Unterlagen, der kleinlichen Dokumentation jeder Weiterbildungsaktivität mit entsprechendem Zertifikat, langatmigen Ausführungen zu Fähigkeiten und Erfahrungen, schlechter oder übertriebener Aufbereitung der Unterlagen (fliegende Blätter oder dicke Ringbücher) oder sogar den beiliegenden Kopien von Anerkennungsschreiben und Gehaltserhöhungen.

Allerdings möchten wir von allzu schnellen Bewertungen und „O.K."- oder „K.O."-Einstufungen abraten. Die Auswertung der Bewerbungsunterlagen sollte sich nicht nach einer generellen „geht/geht nicht"-Schablone richten, sondern nach den auf die zu besetzende Stelle bezogenen Kriterien.

Unterschiedliche Zielgruppen sind in der Regel unterschiedlich begabt darin, sich selbst zu präsentieren. Oft werden Bewerbungen von Technikern aussortiert, weil sie den „Form"-Ansprüchen der Personaler nicht entsprechen. Dabei wird meist nicht bedacht, dass die schriftliche Selbstdarstellung für einen Techniker ungleich weniger relevant ist als seine Erfahrung im Umgang mit Sicherheitsstandards, seine Fähigkeit, sich in neue Werkzeug-Technologien einzuarbeiten und seine Zuverlässigkeit im Umgang mit Qualitätsstandards. Auch Lageristen, Einkäufer, Qualitätsmanager und Buchhalter tun sich im durchschnittlichen Vergleich schwerer mit der Selbstdarstellung als die eher kommunikationsstarken Berufs-Zielgruppen aus Vertrieb, Marketing, Unternehmenskommunikation und funktionsübergreifend die Zielgruppe der Führungskräfte.

Unserer Erfahrung nach werden auch ungewöhnliche Lebensläufe zu oft zu schnell aussortiert. Ein Wechsel des Studienfachs nach dem ersten oder zweiten Semester, eine abgebrochene Lehre oder ein Studium, das eine andere Richtung einschlägt, als der bisherige Weg nahelegt, sind nicht immer ein eindeutiger Hinweis darauf, dass „jemand nicht weiß, was er will". Mitunter liefern diese Richtungswechsel wichtige Hinweise auf erfolgsrelevante persönlichkeitsstabile Merkmale wie Risikobereitschaft, den Mut sich auszuprobieren oder die Fähigkeit, sich gegen Widerstände von außen für oder gegen etwas zu entscheiden. Zum Beispiel der Bewerber, der mit 16 Jahren auf Anraten von geschätzten Menschen oder aus der Motivation heraus, endlich auf eigenen Beinen zu stehen, eine Kochlehre macht, mit 19 Jahren jedoch feststellt, dass noch andere Talente und Interessen in ihm stecken, dann nebenbei in der Abendschule sein Abitur nachholt und schließlich mit 29 Jahren sein selbstfinanziertes Studium der Wirtschaftspsychologie abschließt. Vielleicht erfüllt dieser Bewerber für die ein oder andere Position mehr erfolgsrelevante Anforderungen – etwa die Bereitschaft sich anzustrengen und einsetzen für Ziele sowie hohe Entscheidungsfähigkeit – als manch anderer Kandidat, der in der Schule gute Noten schrieb und direkt eine normgetreue Laufbahn einschlug.

Das bedeutet nicht, dass Sie überhaupt nicht auf eine stringente Entwicklung achten sollen. Sie sollten jedoch die einzelnen Fakten des Lebenslaufes nicht allzu schematisch betrachten, sondern Hypothesen entwickeln, welche Persönlichkeitsmerkmale und Fähigkeiten sich dahinter verbergen könnten – die Sie dann gezielt im Einstellungsinterview abfragen.

Außerdem lohnt es sich, auf positive Auffälligkeiten zu achten: Erfordert zum Beispiel die zu besetzende Stelle das Vermögen, gut mit Zahlen umzugehen – etwa bei einem Vertriebsleiter – dann liefert ein Lebenslauf, der neben den einzelnen Stationen auch Zahlen zu Umsatz-, Budget- und Mitarbeiterverantwortung darlegt, positive Indizien für das Selbstverständnis der Rolle.

Folgende Fragen helfen bei der Bewertung einer schriftlichen Bewerbung:

- Wie hat der Kandidat im Vergleich zu anderen Bewerbern seiner Berufsgruppe die Aufgabe der Selbstdarstellung erfüllt?

- Wie ist die Auswahl der beigefügten Unterlagen im Hinblick auf die Unterscheidung von wesentlichen und unwesentlichen Sachverhalten zu beurteilen?

- Wie geht der Kandidat mit berechtigten Informationswünschen des Unternehmens um (hervorgehend aus der Stellenausschreibung im Internet o.Ä.)?

- Welchen Rückschluss erlaubt die Form der Unterlagenpräsentation auf die Fähigkeiten, neben der eigenen Person auch Belange der Firma in der zukünftigen Position erfolgreich zu vertreten? Und wie relevant ist das für die zu besetzende Stelle?

Anschreiben

Im Anschreiben offenbart der Kandidat häufig unbewusst Wichtiges über seine Selbsteinschätzung, die Gründe seiner Bewerbung, seinen Wortschatz und den eingesetzten Zeitaufwand. Ein Kandidat, der sich über berechtigte Informationswünsche des Unternehmens ganz oder teilweise hinwegsetzt, dokumentiert damit zum Beispiel, dass er die Stellenanzeige nur oberflächlich gelesen hat, dass diese Bewerbung nicht sehr wichtig für ihn oder nur eine von vielen ist, oder dass ihm die für Bewerbungen üblichen und erwarteten Formen nicht geläufig sind. Gute Kandidaten schaffen es mit ihren Anschreiben, dem Unternehmen klar und präzise zu vermitteln, warum sie sich gerade für die infrage kommende Stelle interessieren. Und sie können darlegen, warum sie in dieser Funktion erfolgreich sein werden – zum Beispiel, weil sie relevante Erfahrungen mitbringen, über eine hohe Motivation verfügen und schnell lernen können.

Tabellarischer Lebenslauf

Die meisten Anhaltspunkte darüber, ob sich ein Kandidat für die gesuchte Stelle eignet, liefert der tabellarische Lebenslauf. Kriterien für seine Bewertung sind:

- Zeitliche Kontinuität: Gibt es zwischen Ausbildungs- und Berufsabschnitten „weiße Flecken"? Wenn ja, wie werden sie erklärt?

- Stimmen Zeitangaben im Lebenslauf mit den entsprechenden Daten in den beigefügten Unterlagen überein?

- Stimmen bisherige Positionen, Erfahrungen und Branchen mit den Anforderungen überein?

■ Wie verhalten sich die Ausbildungszeiten im Vergleich zur Norm?

■ Ist im Lebenslauf insgesamt eine klare Entwicklungslinie erkennbar?

Wesentlich ist die Verlaufskurve der Entwicklung: Sind Verantwortungen und Aufgaben horizontal beziehungsweise vertikal gewachsen? Verbindet die einzelnen beruflichen Stufen, die sich innerhalb eines Wechsels, jedoch auch in Wechseln zu anderen Unternehmen vollzogen haben können, eine nachvollziehbare Logik? Dazu einige Hinweise:

■ Bis zum Alter von etwa 30 Jahren sind häufigere Wechsel des Unternehmens, etwa im Abstand von 1 bis 3 Jahren, akzeptabel.

■ Später können solche häufigen Jobwechsel ein Indiz dafür sein, dass der Kandidat nicht erfolgreich war oder nicht ausreichend schnell gelernt hat.

■ Einzelne Brüche im Lebenslauf wie beispielsweise ein Studienfachwechsel, eine Zeit der Selbständigkeit – auch wenn der Erfolg vielleicht ausblieb – oder eine Phase der Arbeitslosigkeit sollten kein Ausschlusskriterium sein. Zeigt der Gesamtverlauf eine entsprechend erfolgreiche Entwicklung, hat der Kandidat in einer solchen Phase womöglich gelernt, Schwierigkeiten und Krisen zu meistern.

Ausbildungs- und Arbeitszeugnisse

Ausbildungszeugnisse informieren über das grundsätzliche Niveau des Ausbildungsabschlusses des Kandidaten. Eine absolute Bewertung verbietet sich aber, weil keine der bekannten Untersuchungen signifikante Zusammenhänge zwischen Schul- oder Abschlussnoten und Berufserfolg nachweisen konnten (Trapmann, S., Hell, B., Weigand, S. & Schuler, H., 2007).

Arbeitszeugnisse geben Auskunft über die Dauer der Beschäftigung, die Inhalte der Aufgaben, die Leistung des Mitarbeiters und wie man auseinandergegangen ist. Wir werden immer wieder nach den „geheimen" Zeugniscodes gefragt und danach, welche Beurteilung sich hinter welcher Formulierung versteckt. Unsere Erfahrung ist, dass die Bedeutung der Arbeitszeugnisse für die Eignung von Kandidaten in den letzten Jahren immer geringer geworden ist. Die meisten Arbeitgeber einigen sich am Ende eines Arbeitsverhältnisses mit dem Mitarbeiter oder der Führungskraft auf eine positive Zeugnisformulierung, damit haben Zeugnisse nur noch wenig Aussagekraft. Die Codes sind längst nicht mehr geheim, im Internet finden sich zahlreiche Übersichten, die jeder einsehen kann. Ihr Ursprung liegt in den 60er Jahren, als der Gesetzgeber festlegte, Zeugnisse sollten „mit verständigem Wohlwollen" verfasst werden. Um also nicht offen negativ zu beurteilen, haben sich bestimmte Verklausulierungen eingebürgert.

Wichtig im Hinblick auf eine Neueinstellung sind vor allem die Bemerkungen zur Arbeitsleistung, die sich im Großen und Ganzen wie folgt zusammenfassen lassen (Katrin Groll, 2008):

Note (1+): Wir waren mit seinen Leistungen in jeder Hinsicht stets außergewöhnlich zufrieden.

Note (1): Wir waren mit seinen Leistungen stets sehr zufrieden.

Note (2): Wir waren während der gesamten Beschäftigungszeit mit seinen Leistungen voll und ganz zufrieden.

Note (2-): Wir waren mit seinen Leistungen stets zufrieden.

Note (3): Er hat unseren Erwartungen in jeder Hinsicht entsprochen.

Note (4): Mit seinen Leistungen waren wir zufrieden

Note (5): Er hat die übertragenen Arbeiten im Großen und Ganzen zu unserer Zufriedenheit erledigt.

Note (6): Er hat sich nach Kräften bemüht, die Leistungen zu erbringen, die wir an diesem Arbeitsplatz normalerweise erwarten.

Etwas subtiler sind verschiedene Verschlüsselungstechniken, für die man ein Auge entwickeln kann (Schiller):

- Fehlen von Notwendigem, zum Beispiel, wenn bei einer Führungskraft jeglicher Hinweis auf das Vertrauensverhältnis zu ihren Mitarbeitern fehlt, oder bei einem Verkäufer auf das Verhältnis zu seinen Kunden.

- Entwertungen, indem unwichtige Aufgabenbereiche besonders betont oder zuerst benannt werden, zum Beispiel, dass ein Einkäufer für „Büromaterial, Werkzeuge und Maschinen" zuständig war. Auch eine Nennung der Verhaltensmerkmale vor der Leistung ist kritisch.

- Passive Formulieren wie „Aufgaben, die ihm übertragen wurden, führte er zielstrebig aus", können auf mangelnde Eigeninitiative hinweisen.

- Betonte Selbstverständlichkeiten, wie etwa das gepflegte Äußere eines Firmenrepräsentanten, legen nahe, dass es nichts Lobenswertes an der Arbeitsleistung gab.

- Einschränkungen, wie zum Beispiel „Bei uns galt er als Experte" oder „Im Fachverband X schätzte man ihre Kompetenz" – anderswo also nicht?

- Verneintes Gegenteil wie „... nicht unbedeutende Ergebnisse ..., ... nicht unerhebliche Erfolge ..., ... war nicht zu beanstanden".

- Knappheit erweckt den Eindruck, dass etwas versteckt werden soll.

Manche Formulierung kann natürlich auch auf einen ungeschickten Verfasser hindeuten. Unserer Erfahrung nach nehmen aber die meisten Menschen mittlerweile Einfluss auf die Formulierung ihrer Zeugnisse – wenn sie sie nicht sogar selbst verfassen. Übrigens sind Zeugnisse bei Führungskräften mit einem Einkommen ab 150.000 Euro im Jahr praktisch bedeutungslos.

Auf einen Wortlaut sollten Sie allerdings immer achten: Ist am Ende die Rede von „Bedauern" oder gar „großem Bedauern" über den Weggang des Mitarbeiters, hat man wahrscheinlich einen Guten gehen lassen (müssen). Diese Formulierung ist in Deutschland nicht einklagbar.

Letztlich kommt es auf die Stimmigkeit eines Zeugnisses an: Wenn jemand eine glatte 1+ für seine Arbeitsleistung bekommen hat, dafür aber die guten Wünsche zum Schluss fehlen, könnte das ein Hinweis darauf sein, dass er auf der ersten Formulierung bestanden hat. Solche Unstimmigkeiten können Sie dann im Interview genauer hinterfragen.

Zusammenfassend gilt für die schriftliche Bewerbung: Der Inhalt ist wichtiger als die Form. Je üblicher es wird, dass Bewerbungen zunehmend online eingehen, desto wichtiger wird dieser Umstand. Letztlich zählt die Substanz, die wir im Interview hinterfragen können, weniger die Form. Wichtig sind die Fakten des Lebenslaufs und die praktische Erfahrung, nicht so sehr die Kunst ihrer Verpackung. Unser Blick richtet sich auf den bisherigen beruflichen Werdegang des Kandidaten:

- Was hat er bislang getan?
- Welchen Erfolg hatte er? Woran lässt sich das messen?
- Wie sinnvoll aufeinander aufbauend sind die einzelnen beruflichen Stationen?
- Wie stringent hat sich seine Verantwortung vergrößert?
- Welches spezielle Know-how würde er in die neue Position einbringen?
- Was wäre für ihn neu, was schon geläufig?
- Passt ein solcher Schritt in seine Entwicklungslinie?

Diese Fragen müssen im Zusammenhang mit dem Fragenkatalog zur Lebenslaufanalyse in einem Gespräch geklärt werden.

Abbildung 12   Checkliste zur Bewertung des Lebenslaufs

Merkmal	Bemerkung	Offene Frage
Ausbildung Welcher Schulabschluss wurde erreicht? Wie wurde Ausbildung/Studium abgeschlossen - üblicher Zeitrahmen/Erfolg? Auszeichnungen in für den Job relevanten Fächern? Länge der Ausbildung/des Studiums im Vergleich zum Standard? Lücken in Ausbildungs-/Studiumszeit? Welche Gründe? Wechsel in Ausbildung/Studium? Welche Gründe? Tätigkeiten neben der Ausbildung? Eigenfinanzierung des Studiums? Welche Praktika? Wie erhalten?		
Relevante Berufserfahrung Über-/Unterqualifizierung für die gemachten Jobs? Spiegeln berufliche Veränderungen Weiterentwicklungen wider? (Hinweis auf Erfolg?) Liegen Bestätigungen von Beförderungen vor? Begründung der Wechsel -> Motive? Welche Gründe gibt es für mögliche Lücken? Beschreibung der jetzigen Tätigkeit?		
Sonstiges Wurden Weiterbildungen absolviert? Welche außerberuflichen Aktivitäten könnten eine Relevanz haben?		

Der Blick auf die Wahl der Studienfächer sollte nicht zu eng ausfallen. Manchmal lohnt es sich zu fragen, ob überhaupt ein Studium eine wirklich notwendige Voraussetzung oder ob die Studienwahl so entscheidend ist. Nicht selten haben wir erlebt, wie sich etwa Biologen, Pädagogen, Historiker und Theologen in klassisch BWL-dominierten Positionen erfolgreich entwickelt haben.

Referenzen

Nach wie vor gibt es eine Reihe von Unternehmen, die bei der Einstellung neuer Mitarbeiter auf Referenzen zurückgreifen. Der gesetzliche Rahmen sieht dabei vor, dass nur leistungs- und arbeitsplatzbezogene Fragen gestattet sind. Die Referenzeinholung bei Unternehmen, die den Kandidaten noch beschäftigen, ist nicht erlaubt. Darüber hinaus dürfen Referenzen nur dann eingeholt werden, wenn der Kandidat zustimmt. Zudem hat er das Recht, den Inhalt der Referenzauskunft zu erfahren.

Unsere Erfahrung ist, dass die Auskünfte nur begrenzt verwertbar sind. Ehemalige Vorgesetzte und Kollegen geben Referenzen mit sehr viel Milde. Sie fühlen sich dem Kandidaten, mit dem sie einmal zusammengearbeitet haben, verpflichtet. Und zwar deutlich mehr als einem Personalberater oder HR-Mitarbeiter, den sie noch nie in ihrem Leben gesehen haben. Also sprechen sie über die guten Seiten und fast nie über die schlechten. Viele Referenzgeber sind zudem unsicher, was sie aus rechtlicher Sicht sagen dürfen und was nicht. Das lässt sie noch zurückhaltender antworten.

Überraschend ist dagegen, wie stark das Vertrauen der Referenzeinholer in die Auskunft ist. Wer würde in einer anderen Lebenslage einem völlig Fremden so viel Glauben schenken? Bei jeder Wahl eines Anwalts, eines Arztes, ja eines Restaurants fragen wir Menschen, denen wir vertrauen. Und trotzdem denken Vorgesetzte beim Einholen von Referenzen häufig, dass sie fast die volle Wahrheit zu hören bekommen.

Falls Sie dennoch Referenzen einholen möchten, empfehlen wir Ihnen, folgende Fragen zu stellen:

- Was waren die Inhalte der Aufgabe?

- Was waren die wichtigsten Resultate seiner Arbeit?

- Was waren die größten Erfolge, die er verzeichnen konnte?

- Welche Fähigkeiten haben ihn in die Lage versetzt, die Ergebnisse zu erreichen?

- Welche Fähigkeiten hatte er damals noch nicht so sehr entwickelt? Lassen Sie sich vor allem bei dieser Frage nicht abwimmeln. Erst wenn Sie hier Substanzielles gehört haben, wissen Sie, dass Sie wichtige Informationen für Ihre Entscheidung bekommen. Falls der Referenzgeber zu dieser Frage nichts sagen mag, wissen Sie, dass Sie mit der Auskunft nicht viel anfangen können.

- Was waren die Felder, in denen der Kandidat damals am meisten gelernt hat?

Das Telefoninterview zur Vorselektion

Nun geht es darum, telefonisch klare Antworten auf einige Fragen zu den Muss-Kriterien zu erhalten, die sich aus der schriftlichen Analyse ergeben haben, etwa zum Motiv für den angestrebten Wechsel, zur besonders relevanten Berufserfahrung oder zu den notwendigen Sprachkenntnissen. Nach diesem Gespräch sollten Sie in der Lage sein, eine begründete Aussage zu machen über den nächsten Schritt – die Absage oder Einladung zum Einstellungsinterview.

Aus der schriftlichen Analyse haben sich bereits die wichtigsten Fragen ergeben. Für Telefoninterviews gilt das Gleiche wie für Einstellungsinterviews: Die Vorbereitung ist elementar, das heißt Fakten und Fragen zum betreffenden Kandidaten müssen präsent sein, damit Sie direkt zur Sache kommen können.

1. Begrüßung, Vorstellung

2. Fragen an den Kandidaten

3. Fragen an das Unternehmen

4. Abschluss, nächster Schritt

Das Telefoninterview sollte kein Ersatz für ein Einstellungsinterview sein – hier werden lediglich Muss-Anforderungen zu den Kernkompetenzen, Sprachkenntnissen, in manchen Situationen Gehaltsvorstellungen und Mobilität geklärt. Hier kann sich bereits herausstellen, dass der Kandidat definitiv nicht infrage kommt. Das ganze Gespräch sollte nicht länger als 15 bis 20 Minuten dauern.

2.3.2   Das Auswahlverfahren: Wer passt am besten zum Profil?

Das prominenteste Auswahlverfahren ist das Einstellungsinterview, auf das wir in Kapitel 4 ausführlich eingehen werden. Es führt allerdings nur dann zu einem guten Ergebnis, wenn es auch mit Struktur und Methodik durchgeführt wird. Neben dem Interview erhalten auch Arbeitsproben, Intelligenztests und Assessment Center sehr gute Bewertungen im Hinblick auf Erfolgsprognosen. Allerdings sollte man berücksichtigen, dass Tests nicht immer von den Kandidaten akzeptiert werden und dass beispielsweise Assessment Center äußerst zeit- und kostenintensiv sind.

Abbildung 13   Wichtige Auswahlverfahren

Auswahlverfahren	Prognosekraft (Validität)*	Praktikabilität*	Akzeptanz*	Anwendungs-häufigkeit in %**
Analyse der Bewer-bungsunterlagen	1.63	1.33	1.13	98
Referenzen	1.99	2.08	1.82	71
Interview strukturiert mit Personalabteilung	1.40	1.74	1.26	70
Interview unstrukturiert mit Personalabteilung	2.00	1.33	1.48	57
Interview strukturiert mit Fachabteilung	1.45	1.90	1.39	49
Interview unstrukturiert mit Fachabteilung	1.99	1.43	1.48	69
Persönlichkeitstests	2.20	2.36	2.38	21
Intelligenztests	1.96	2.15	2.08	34
Arbeitsproben	1.32	2.11	1.53	44
Assessment Center	1.33	2.89	1.72	39
Biographische Fragebögen	2.00	1.98	2.25	21

*prozentual gewichtet nach Nennung mit gut = 1, mittel = 2 und schlecht = 3,
**prozentual gewichtet

Quelle: Tobias Plate, April 2006, adaptiert aus Schuler, Frier & Kaufmann, 1991 und Schuler, et al., 1993

Wie Struktur und Methodik des Einstellungsinterviews genau aussehen sollen, erläutern wir ausführlich in Kapitel 4. Hier wollen wir im Rahmen des Einstellungsprozesses lediglich die Qualitätsmerkmale professionell geführter Personalauswahl-Interviews aufführen:

■ Vorhandensein einer teilstandardisierten Interview-Struktur

■ Übersicht der Kann- und Muss-Anforderungen, die auch zukünftige Entwicklungen einbeziehen

■ aktives Beziehungs-Management (respektvolle, wertschätzende, partnerorientierte Ansprache der Kandidaten)

■ aktive Gesprächsführung und Hypothesenprüfung

■ „rückwärtsorientierte" Analyse der beruflichen Stationen – das bedeutet, dass Sie mit dem Kandidaten zunächst über seine gegenwärtige Aufgabe sprechen und danach über die vorherigen Stationen; Sie beginnen nicht mit der Ausbildung oder dem Studium

■ Einsatz unterschiedlicher Methoden zur Überprüfung von Kompetenzen und Potenzialfaktoren

■ geklärte Rollen von Personalern und Führungskräften in der Interviewdurchführung

Oft ist es allerdings auch nicht mit einem einzelnen Einstellungsinterview getan, weitere Entscheidungshilfen und -gespräche müssen folgen. Für das Auswahlverfahren bei der Besetzung qualifizierter Stellen empfiehlt sich daher folgender Aufbau:

1. Zunächst findet ein **Erst-Interview** statt, in dem die **Person-Organisations-Passung** geklärt wird. Das heißt, es soll Klarheit darüber entstehen, wie gut der Kandidat mit seinen Kompetenzen in Ihr Unternehmen passt.

2. Danach folgt ein **Zweit-Interview** zur Klärung der noch offenen Fragen und der **Job-Person-Passung.** Dieses soll beantworten, wie gut der Kandidat auf die zu besetzende Stelle passt, mit welchem Erfolg er den Anforderungen der Stelle gerecht werden kann und welchen Lernbedarf er hat, um die Stelle vollständig auszufüllen.

3. Sehr bewährt hat sich das Integrieren des Teams in den Auswahlprozess, und zwar direkt im Anschluss an das Zweit-Interview. Hier wird nach erfolgreichem Verlauf, nach dem sowohl Führungskraft als auch Personaler sich für eine Einstellung entschieden haben, der Kandidat dem **Team** vorgestellt. Dabei hat er die Möglichkeit zu kurzen **Einzelgesprächen.** Diese dienen nicht der Diagnostik, aber die Mitarbeiter können ihre Arbeit und das Team kurz vorstellen. Je nach Unternehmen wird auch eine kurze **Führung** über das Betriebsgelände angeboten. Obwohl dem Team keine Entscheidungsbefugnis eingeräumt wird, lernt es den Kandidaten kennen, fühlt sich in den Entscheidungsprozess miteinbezogen und sieht dem „Neuen" positiver entgegen.

Je nach Anforderung empfiehlt sich auch der Einsatz von sogenannten situativen Verfahren:

Praxissimulationen und Arbeitsproben

Das Erleben des Kandidaten in einer Praxissimulation hat einen hohen diagnostischen Aussagegehalt. Dabei kann es sich um das Führen kritischer Kunden- oder Mitarbeitergespräche, eine Analyse von jobspezifischen Informationen oder Reports, die Durchführung von Besprechungen, Kunden-Bedarfs-Analysen oder die Ausarbeitung von Arbeitsproben handeln. Für alle Beteiligten ist direkt erlebbar, wie der Kandidat an relevante Aufgaben herangeht, welches Verhaltensrepertoire er bereits mitbringt und wie er im Vergleich zu definierten Anforderungen abschneidet. Auch für die zukünftigen Vorgesetzten ist diese praktische, anschauliche Vorstellung der Kandidaten häufig eindeutiger auszuwerten als eine rein sprachliche Darstellung. Besonders gehaltvoll sind kurze Praxissimulationen mit Kandidaten, die anschließend gemeinsam reflektiert werden. Gerade bei jüngeren Interviewpartnern gilt es, Verzerreffekte herauszufiltern, die auf die ungewohnte Situation und damit einhergehende Stressfaktoren zurückzuführen sind. Sonst besteht die Gefahr, dass diese Dimension alle anderen Anforderungen überstrahlt.

Testdiagnostik

Um die Passung eines Kandidaten messen zu können, ist je nach zu besetzender Stelle manchmal auch der zusätzliche Einsatz folgender Testverfahren zu empfehlen:

- Intelligenztests
- Leistungs- und Fähigkeitstests
- Persönlichkeits- und Führungsinventare

Abbildung 14   Verschiedene Testverfahren zur Diagnostik

Testart	Name der Testverfahren	Kurzbeschreibung	Anwendungsbereich	Autor/Literatur
Intelligenz-Test	Watson-Glaser-Test Computergestützte Version (auch unternehmensspezifisch adaptierbar; deutsch, englisch)	Erfassung des kritischen Denkens und Unterstützung bei Vorhersagen, ob eine Person zu richtigen Schlüssen gelangt, wie gut sie Annahmen versteht, etwas ableitet, Informationen interpretiert und Argumente bewertet	Auswahl/Entwicklung von Führungskräften	G. Watson und E. Glaser übersetzt und bearbeitet von Andreas Sourisseaux, Tobias Felsing, Christian Müller, Sina Stübig und Janine Schmücker sowie Gerd Heyde
	Intelligenz-Struktur-Analyse (ISA) Papier-Bleistift-Test und computergestützte Version	Räumliches Vorstellungsvermögen, systematisch-analytisches Denken	Berufsberatung, Personalauswahl inklusive Führungspositionen	Institut für Test- und Begabungsforschung GmbH, Bonn (ITB)
Leistungs-Konzentrations- und Fähigkeitstest	Frankfurter Aufmerksamkeits-Inventar Papier-Bleistift-Test	**Erfasst 3 Dimensionen:** Menge der bearbeiteten Items (Quantität = Leistungswert), Anteil der unkonzentriert abgegebenen Urteile (= Qualitätswert), Ausmaß der kontinuierlich aufrechterhaltenen Konzentration (= Konzentrationswert), Befolgung der Instruktionen (= Markierungswert)	Auswahl von Auszubil-denden, Facharbeitern, Meistern	H. Moosbrugger & J. Oehlschlägl
	Test d2 Aufmerksamkeits-Belastungs-Test Testbögen	**Konzentrationsfähigkeit,** Tempo und Sorgfalt des Arbeitsverhaltens	Zielgruppenübergreifend: zu empfehlen für die Auswahl von Auszubildenden v. a. in kaufmännischen Berufen	R. Brickenkamp
Persönlichkeits – und Führungs-Inventare	Reflector Big 5 Personality Computergestützte Version (in über 70 Sprachen übersetzt)	**Führungsprofil** Belastbarkeit, Extraversion, Offenheit für Neues, Umgänglichkeit und Gewissenhaftigkeit plus 29 Unterdimensionen	**Auswahl und Entwicklung von Führungskräften**	Wildenmann Group
Motivprofile	Reiss-Profil	**Motiv-Profil** 16 Dimensionen	**Auswahl und Entwicklung von Führungskräften**	Prof. Stephan Reiss, Human Assets

Intelligenztests weisen in Kombination mit anderen Verfahren, wie insbesondere dem strukturierten Interview, Arbeitsproben und Integritätstests, die höchste Prognosekraft bei der Personalauswahl für Arbeitsplätze auf, die entsprechend kritische Anforderungen an die Informationsverarbeitung der Stelleninhaber stellt. Hervorzuheben ist hier der **Watson-Glaser-Test**, der auch an unternehmensspezifische Anforderungen angepasst werden kann.

Das **Reflector-Big5-Personality-Profil** möchten wir exemplarisch für das Thema Einschätzung von Führungskräften hervorheben: Hier stellt ein Report das individuelle Profil, Stärken sowie Entwicklungsfelder in fünf Haupt- und 29 Unterdimensionen differenziert dar. Dieser Report liefert eine hervorragende, sehr praxisorientierte Diskussionsgrundlage, um das individuelle Profil von Führungskräften mit den spezifischen Anforderungen des Unternehmens sowie der konkreten Aufgabe abzugleichen und bereits etwaige Entwicklungsfelder für die Einarbeitungsphase aufzuzeigen. Das onlinebasierte Tool ist einfach in der Handhabung und in verschiedenen Sprachen erhältlich. Dazu bietet es aussagekräftige Benchmarks, differenziert nach Branchen und Funktionen.

Von den Motiv-Profilen empfehlen wir das **Reiss-Motivprofil**. Es handelt sich um einen onlinebasierten Fragebogen, dessen Auswertung mittels eines umfassenden Reports über 13 Motiv-Faktoren (in der betrieblichen Version) erfolgt. Auswahltechnisch für beide Seiten relevant ist hier die Diskussionsgrundlage darüber, was der Kandidat braucht, um erfolgreich zu sein, und wie viel „Befriedigungspotenzial" die Stelle ihm bietet. Damit können beide Seiten auf der Grundlage des Motiv-Profils eines Kandidaten überprüfen, inwieweit die Aufgaben und das Umfeld der Stelle auch zu dem passen, was für den Kandidaten wichtig ist, um Erfolg zu haben, und was ihn entsprechend seiner Werte und Motivation auch in schwierigen Situationen dazu anspornt, sein Bestes zu geben. Hat zum Beispiel der sehr extrovertierte Kandidat in der ausgeschriebenen Stelle genügend Kontakt zu Menschen oder sitzt er zu 90 Prozent seiner Zeit an der Auswertung statistischer Analysen oder an der Erstellung von Konzepten? Wird der sehr sozial- und/oder sportmotivierte Mitarbeiter seine regelmäßige Vereinstätigkeit parallel zu seiner Arbeit fortführen können oder werden seine Arbeitszeiten und Reisetätigkeiten das künftig unmöglich machen?

Wir haben die Erfahrung gemacht, dass allein die Kenntnis dieser Tests in ihren Grundlagen, Dimensionen und in ihrer Aussagekraft die Interviewer enorm dabei unterstützt, den Fokus und die Qualität der Fragen zu variieren – selbst wenn sie die Tests nicht üblicherweise in ihren Einstellungsprozessen einsetzen. Deshalb lohnt sich eine Weiterbildung in diesen Verfahren – vor allem für Personen, die häufiger Kandidateninterviews führen.

2.4   Die Einstellung: Von der Zusage bis zum 100-Tage-Plan

Die Phase der Einstellung umfasst die Entscheidungsfindung, die Kommunikation mit dem Kandidaten und die Integration des neuen Mitarbeiters. Gerade diese Phase wird gerne in ihrer Bedeutung unterschätzt und eher operativ abgewickelt. Die bedeutsame und folgenschwere Entscheidung, wer letzten Endes eingestellt wird, fällt nicht selten zwischen Tür und Angel – und zwar mehr intuitiv und auf der Basis der letzten Eindrücke als systematisch beziehungsweise kriterienbasiert.

2.4.1 Die Entscheidungsphase: Wer wird's?

Die Güte der Einstellungsentscheidung hängt von einer Vielzahl von Faktoren ab. Eine der entscheidenden Größen ist die Qualität der Informationsgewinnung. Stellen Sie sich die zentrale Frage: Wie viele eignungsdiagnostisch relevante Details habe ich über den Kandidaten während der Interviews erfahren? Auf welcher Basis werte ich die gewonnene Information aus? Und was sind die Vergleichsgrößen? Diese Fragen zu beantworten, setzt natürlich ein systematisches Vorgehen voraus. Wir empfehlen eine schriftliche, standardisierte Kurzauswertung aller Interviews anhand der Kann-Muss-Kriterien und in jedem Fall eine nach definierten Kriterien begründete Entscheidung, ob der Kandidat für eine Einstellung oder weiterführende Auswahlschritte infrage kommt oder nicht (siehe Kapitel 5).

Kandidaten-Kommunikation

Der Aspekt des Kandidaten-Managements findet in dieser Phase oft nicht die Beachtung, die er verdient: Für den Kandidaten ist es ausgesprochen wichtig, wie offen und verbindlich mit ihm kommuniziert wird. Und zwar vor, während und nach dem Interview. Was er in dieser Phase von Seiten seines Gegenübers erlebt, wird seine Entscheidung für oder gegen das Unternehmen entscheidend beeinflussen. Außerdem ist es wichtig für sein späteres Engagement und seine Identifikation mit dem neuen Unternehmen.

Topqualifizierte Kandidaten sind knapp. Und Sie werden in der Regel auch nicht das einzige Unternehmen sein, das ihnen ein Angebot macht. Um sie aber zu „erreichen", um ihnen deutlich zu machen, dass Sie das richtige Unternehmen für sie sind, können Sie sich durch pro-aktive Signale und eine gute Kommunikation von anderen Wettbewerbern abheben.

Fragen Sie beispielsweise nach dem Interview nach, bis wann der Kandidat eine Rückmeldung braucht. Fragen Sie ihn, ob er auch mit anderen Unternehmen im Gespräch ist und wann er sich entscheiden will. Stellen Sie sicher, dass Sie spätestens zwei bis drei Tage nach dem Einstellungsinterview wieder Kontakt mit ihm aufnehmen – selbst, wenn Sie noch keine Entscheidung treffen konnten. Geben Sie Rückmeldung, wie positiv das Gespräch verlaufen ist, fragen Sie, ob noch Fragen offen sind, und geben Sie einen kurzen Ausblick auf die nächsten Schritte. Verbindlichkeit, Wertschätzung sowie Ihr „Dranbleiben" sind hier die stärksten Erfolgsfaktoren.

Wenn wirklich gute Kandidaten interviewt wurden, hat es sich als sehr hilfreich erwiesen, Ihnen sofort die positive Rückmeldung zu geben. Am besten mit einem Vertragsentwurf, den sie mit nach Hause nehmen konnten. Eine notwendige Zustimmung des Betriebsrats haben wir im Normalfall immer bekommen. Eigene Untersuchungen zeigen, dass bei größeren Rekrutierungs-Projekten eine 30-prozentige Zusageerhöhung durch **zeitnahe Follow-up-Gespräche** erzielt wurde.

2.4.2   Integration, Einarbeitung und Onboarding: Wie wird es ein Erfolg?

Die Integration und das Einarbeiten (neudeutsch: „Onboarding") beginnen für viele mit dem ersten Arbeitstag der neuen Mitarbeiter. Wenn Sie sich allerdings die „Besten Arbeitgeber" ansehen, erkennen Sie, dass diese bereits vor dem ersten Arbeitstag mit der Integration beginnen. Mit einer guten Vorbereitung helfen auch Sie neuen Mitarbeitern sehr dabei, sich schnell in Ihrer Organisation zurechtzufinden und engagiert loszulegen.

Schon vor dem ersten Arbeitstag können Sie in vorbereitenden Telefonaten Informationen zu Anreise, Dresscode und Ähnlichem geben. Auch ist es sinnvoll, bereits vorab Termine für die ersten vier bis sechs Wochen zu arrangieren, etwa eine Einladung für ein Mittagessen mit dem gesamten Arbeitsteam und terminierte Einzelgespräche mit 10 bis 20 relevanten Kollegen, evtl. Mitarbeitern und Vorgesetzten (innerhalb und außerhalb der Abteilung). Was Sie noch alles tun können, um den Einstieg Ihres neuen Mitarbeiters zum Erfolg zu führen, werden wir in Kapitel 5 ausführlicher darstellen. Hier geht es erst einmal um die Erkenntnis, dass der Einstellungsprozess weit mehr umfasst als nur Auswahlgespräche.

2.5   Evaluation des Einstellungsprozesses

Je klarer und genauer Sie den Einstellungsprozess im Voraus definieren, desto leichter können Sie einzelne erfolgskritische Phasen mit Qualtätsstandards und Erfolgsparametern hinterlegen. Dann können Sie im Anschluss auch kritisch prüfen, was funktioniert hat und was Sie noch verbessern sollten.

Wir haben in unserer Praxis unter anderem mit einem „Hiring Record" gearbeitet. Diese Aufzeichnungen erfassen jede Einstellung und verfolgen die Entwicklung der Mitarbeiter. Pro Personaler haben wir festgehalten:

- ■ Wie viele Bewerbungen werden pro Einstellung generiert?
- ■ Wie entwickeln sich die neuen Mitarbeiter?
- ■ Wie viele der Neuen sind nach einem, zwei, drei Jahren noch im Unternehmen?
- ■ Wie viele befinden sich in derselben Position?
- ■ Wie viele wurden entwickelt, befördert?
- ■ Wie viele wurden heruntergestuft?
- ■ Wie viele werden als Leistungsträger gesehen?
- ■ Wie viele werden als Potenzialträger gesehen?

Dank einer solchen Analyse gewinnen wir wichtige Erkenntnisse, die Aufschluss geben über die Stärken und Schwächen des Einstellungsprozesses:

- Sind die Anforderungen an die Kandidaten präzise formuliert? Kommen zu viele oder zu wenige Bewerbungen? Hier spielt die Arbeitgebermarke natürlich auch eine wichtige Rolle.

- Vermitteln wir den Kandidaten unsere Erwartungen in einer realistischen Weise? Falls wir eine hohe Frühfluktuation feststellen, könnte das ein Hinweis sein, dass wir unsere Erwartungen kleiner darstellen als sie tatsächlich sind.

- Sind unsere Maßstäbe ausreichend hoch, um tatsächlich die Besten einzustellen? Oder stellen wir nach einem oder zwei Jahren fest, dass der Großteil unserer Mitarbeiter nur durchschnittliche Leistungen erbringt?

- Sorgen wir dafür, dass neben Leistungsträgern auch Mitarbeiter mit Potenzial für größere Aufgaben eingestellt werden?

Fazit

- Erfolgreiche Personalauswahl erfolgt mithilfe definierter Prozesse und Qualitätsstandards.

- Die Verantwortungen und Rollen für Personal (HR) und Führungskräfte müssen geklärt und abgestimmt sein.

- Statt ad hoc zu suchen gilt es, systematisch und strategisch Kandidaten-Pipelines zu definieren und aufzubauen.

- Keine Einstellungsentscheidung ohne aktualisierte, mit der Führungskraft abgestimmte Muss- und Kann-Kriterien.

- Auswahlprozesse und Auswahlinstrumente sollten abhängig von der Zielposition bei jeder Einstellung neu abgestimmt werden.

- Der Personalauswahl-Prozess wird mit Erfolgsparametern hinterlegt, die sich auswerten lassen. Wie das genau aussehen kann, erfahren Sie in den folgenden Kapiteln.

3 Die Definition der Anforderungen oder: Wie Sie erkennen, wer in welchem Job erfolgreich wird

Viele Führungskräfte wählen – bewusst oder unbewusst – nicht unbedingt den besten Kandidaten für die Besetzung einer neuen Stelle aus, sondern jemanden, der ihnen ähnlich ist. Zu diesem Schluss kommt eine Studie der Strategieberatung Roland Berger und nennt das Phänomen „Self-Cloning" (Michler 2011). Diese Strategie fördert jedoch keineswegs die Vielfalt im Unternehmen, die Sie für Ihre Wettbewerbsfähigkeit brauchen. Deshalb ist es so wichtig, dass Sie sich zu Beginn des Einstellungsprozesses ausführlich mit den Anforderungen der zu besetzenden Stelle auseinandersetzen.

Wann haben Sie sich das letzte Mal im Vorfeld eine Stunde Zeit genommen, um genau zu definieren, welche Arbeit in der offenen Position geleistet werden soll und was der erfolgreiche Kandidat mitbringen muss? Oder denken Sie, eine Stunde sei wirklich zu viel?

Aus der Praxis

Die Leiterin des Bereichs Executive Development eines internationalen Handelskonzerns hat bei der letzten Besetzung einer Geschäftsführerposition das Profil erst erstellt, nachdem sie folgende Arbeiten erledigt hatte: Sie reiste für zwei Tage in das Land, für das sie den Geschäftsführer suchte. Dort führte sie Interviews mit dem Managementteam, dessen Chef sie suchte. Jeder Einzelne gab ihr Input, was aus seiner Position die wichtigsten Fähigkeiten für die Bewältigung der Aufgabe wären. Sie interviewte den Leiter des Handelsverbandes vor Ort, um seine Sicht der Dinge über den Markt und den Wettbewerb zu verstehen. Sie war in den eigenen Supermärkten unterwegs und in denen der wichtigsten Wettbewerber. Sie sprach mit Marktmitarbeitern, ja sogar mit Lagerarbeitern darüber, welchen ihrer Aufgaben sie gerne nachkamen und wo aus ihrer Sicht ungelöste Probleme lagen.

Sie stellte die Ergebnisse dieser Erfahrungen zusammen und ergänzte sie mit dem, was ihr der zukünftige Vorgesetzte als Anforderungen an den erfolgreichen Kandidaten aufgegeben hatte.

„Den Aufwand kann man für so eine Spitzenposition betreiben, aber für die Stellen, die wir zu besetzen haben, ist das unmöglich machbar", werden Sie jetzt vielleicht sagen. Aber ist das wirklich so? Klar ist: Je präziser Sie definieren, welche Kompetenzen, Erfahrungen, Motive, Eigenschaften und Erfahrungen Sie benötigen, desto erfolgreicher wird Ihre Besetzung sein. Und desto weniger werden Sie der Versuchung erliegen, nach Klonen zu suchen oder aus anderen Gründen eine Fehlentscheidung zu treffen (mehr dazu siehe Kapitel 5). Was Sie aus diesem Praxisbeispiel auf jeden Fall mitnehmen können: Es hilft enorm, wenn Personaler die genauen Gegebenheiten der Stelle kennen, weil sie schon einmal vor Ort waren.

Die Anforderungen an die Stelle und ihre Übersetzung in Anforderungen an die Person sind zwei verschiedene Aspekte, die in der Praxis häufig vermischt werden:

a. Zur Definition der Stellenanforderungen muss geklärt werden: Was sind die wichtigsten Aufgaben? Wie ist die Rolle des Stelleninhabers definiert? Welche Ergebnisse beziehungsweise welcher Beitrag zur Erreichung der Unternehmensziele werden erwartet?

b. Die Übersetzung dieser Anforderungen, Aufgaben, Rollen und erwarteten Ergebnisbeiträge in Anforderungen an die gesuchte Person bildet einen zweiten Schritt.

Abbildung 15   Anforderungen an Stelle und Person

Stelle		Person
Tätigkeitsspezifische Anforderungen und erwarteter Ergebnisbeitrag	⇔	Fähigkeiten, Fertigkeiten und Kenntnisse
Tätigkeitsübergreifende Anforderungen	⇔	Generell erfolgsrelevante Persönlichkeitsdimensionen, Potenzialfaktoren und Entwicklungspotenzial
Befriedigungspotenzial der Aufgabe	⇔	Motive, Werte, Bedürfnisse

In Kapitel 2 (Der Einstellungsprozess) sind wir bereits kurz auf das Thema Stellenprofil und Anforderungsprofil als Prozessschritt eingegangen. Nun wollen wir genauer auf die Anforderungen an die Person eingehen und sie mit einer Reihe von Praxisbeispielen erläutern.

3.1   Die Passung: Was will das Unternehmen? Was erfordert die Stelle? Und was müssen Kandidaten dafür mitbringen?

Wer oder was passt eigentlich? Es lohnt sich, Zeit und Energie in die Beantwortung dieser Frage zu investieren. Denn wenn die Passung nicht klar definiert wird, bedeutet das in der Praxis meist, dass diese Frage intuitiv beantwortet wird. Und intuitiv beantworten heißt hier oft, dass sich zwei Varianten der Cloning-Strategie durchsetzen:

In der Regel halten die verantwortlichen Entscheider – oft unbewusst – ihre eigenen Erfolgskonzepte für die richtige Strategie und versuchen deshalb, eine Kopie von sich selbst zu finden. Sehen sie bei dem Kandidaten genügend Ähnlichkeiten mit ihren eigenen Stärken, haben sie ein sicheres Gefühl, dass der Kandidat „passt" und erfolgreich sein wird – denn schließlich sind sie selbst es ja dank dieser Qualitäten auch geworden. Dass sich dieser Rückschluss für die Einstellung neuer Mitarbeiter nicht zwangsläufig bewahrheitet, wird schnell ersichtlich, wenn Sie sich vor Augen führen, dass Sie als Einsteller in der Regel nicht für Ihren Job eine Nachbesetzung suchen, sondern für andere Positionen, die zum Teil ganz andere Anforderungen stellen.

Eine zweite Version der Cloning-Strategie ist der Versuch, eine Kopie des vorherigen Stelleninhabers zu finden – falls dieser relativ erfolgreich war. War er nicht erfolgreich, wird womöglich nach seinem genauen Gegenteil gesucht. Beides geschieht oft, ohne genauer zu prüfen, was denn zukünftig konkret gebraucht wird und welche Kompetenzen in der Vergangenheit wirklich entscheidend waren. Eine professionell erarbeitete Definition der Anforderungen wirkt dem Cloning-Phänomen entgegen und bildet die unerlässliche Voraussetzung, die Passung erfolgreich zu bestimmen. Dafür sind zwei Fragen klar zu beantworten:

a. Wie gut passt der Kandidat zu unserer Organisation (Person-Organisations-Passung)?

b. Wie gut passt der Kandidat zu der zu besetzenden Stelle (Person-Job-Passung)?

Für die erste Frage, die Frage der Passung zur Organisation, stehen vor allem die Personaler in der Pflicht. In der Frage der Job-Passung müssen vor allem die Führungskräfte zur Definition und Klärung der Anforderungen beitragen.

3.1.1   Die Person-Organisations-Passung

Jede Organisation hat ihre eigenen ungeschriebenen – manchmal sogar geschriebenen – Charakteristika: Ein Handelsunternehmen im Food-Bereich, dessen Ware durch Vergänglichkeit gekennzeichnet ist, lebt mehr von Schnelligkeit, Pragmatismus und Entscheidungsfähigkeit als Unternehmen mit Entwicklungsschwerpunkten im Investitionsgüterbereich. Die Anforderungen an ein positives, lösungsorientiertes, kundenzugewandtes Serviceverhalten sind in der Zustellindustrie höher als bei einem Unternehmen aus der Raum- und Luftfahrtindustrie.

Aber auch innerhalb derselben Branchen gibt es je nach Ausrichtung des Unternehmens wesentliche Unterschiede: Für einen erfolgreichen Mode-Discounter werden Kostenbewusstsein, pragmatische Ergebnisorientierung und Effizienz von Mitarbeitern und Führungskräften von weitaus größerem Wert für die Erreichung ihrer Unternehmensziele sein als für einen Premium-Modehersteller, der diese Punkte wahrscheinlich nicht unwichtig findet, sie aber Werten wie Kreativität, Qualitätsbewusstsein sowie Markt- und Kundenorientierung unterordnet.

Eine Bank, die weltweit zu den Top 3 gehören möchte, wird der Bedeutung von Ambition und aggressiver Marktanteilserweiterung höchstes Gewicht beimessen. Staatlich geförderte Entwicklungsbanken betrachten dagegen ein aggressives, einseitig auf Gewinnmaximierung ausgelegtes Verhalten als kontraproduktiv für die Erreichung ihrer Geschäftsziele und legen großes Gewicht auf Nachhaltigkeit, Idealismus und interkulturelle Kompetenz.

Diese erfolgsdominierenden Faktoren eines Unternehmens geben natürlich auch vor, welche Mitarbeiter und Führungskräfte im jeweiligen Unternehmen erfolgreich werden können, und wer sich weniger dafür eignet. So haben wir in der Analyse von nicht erfolgreichen Einstellungen häufig die „Nicht-Passung zur Organisation" als entscheidendes Kriterium herausgefiltert – vor allem, wenn Fachkompetenz und vorheriger Erfolg bei einer anderen Organisation nachgewiesen werden konnten.

An den weltweit als „Beste Unternehmen" eingeschätzten Organisationen (nach FORBES) lässt sich erkennen, wie konsequent wirtschaftlich erfolgreiche Unternehmen ihre Strategie in Unternehmens- und Führungswerte umsetzen und basierend auf diesen Werten ihr Kompetenzmodell für die Personaleinstellung und Personalentwicklung ableiten.

Abbildung 16   Die Passung

Unternehmen & Marktpositionierungs-Statement	Führungswerte (Leadership Branding)	Kernkompetenzen
Wal-Mart: „niedrige Preise"	Kosten managen, Dinge geschafft bekommen	Kostenbewusstsein Analysefähigkeit (Input-Output-Relationen) Ergebnisorientierung Effizienz Entscheidungsfähigkeit
Fed EX: „Positiv handeln, was immer es erfordert"	Zeitvorgaben einhalten, Logistik managen, Schnelligkeit	Selbstorganisation Lösungsorientierung Umsetzungsgeschwindigkeit Schnelle Auffassungsgabe
Procter & Gamble: „eine stabile Marke, Bekanntheit und Vertrauen"	Zielorientiertes Marketing Produkt-Innovationen	Markt- und Kundenorientierung Innovation und Kreativität Nachhaltigkeit Kommunikationsstärke
Apple: „Innovation und Design"	Neue Produkte und Lösungen schaffen, die die Welt verändern	Innovation und Kreativität Komplexitätsverarbeitung Ambition Motivation aus dem Ungelösten

Quelle: in Anlehnung an Dave Ulrich „The Leadership Brand", 2007

Viele Unternehmen haben in den letzten Jahren eine Definition ihrer sogenannten Schlüssel- oder Kernkompetenzen bei externen Kommunikationsagenturen in Auftrag gegeben. Liegen diese jedoch lediglich in Form von Hochglanzbroschüren vor und wurden ohne Einbindung des Managements und ohne die Verlinkung zu anderen Führungs- und Personalentwicklungsinstrumenten entwickelt, sind sie für die Personalauswahl schlichtweg unbrauchbar.

Wenn die Kernkompetenzen allerdings wirklich die Erfolgsparameter des Unternehmens und der Unternehmenskultur widerspiegeln, sind sie von unschätzbarem Wert für die Personalauswahl (und -entwicklung), da sie allen eine klare Orientierung geben, welche Kernkompetenzen das Unternehmen erwartet und als zukünftige Erfolgsfaktoren definiert.

In der Regel handelt es sich dabei um vier bis sieben Kompetenzen als übergreifende Kriterien, die dann je nach Funktion in ihrer Bedeutung konkretisiert werden. Variieren auch die Begrifflichkeiten von Unternehmen zu Unternehmen, so gehören folgende Kernkompetenzen zu den häufigsten:

- Ziel- und Ergebnisorientierung

- Analytisch-strategische Kompetenz

- Kundenorientierung

- Teamfähigkeit und interkulturelle Kompetenz

- Veränderungsfähigkeit

- Leistungsfähigkeit und Belastbarkeit

- Selbstorganisation und Planungskompetenz

Und für Führungskräfte ergänzend:

- Führungskompetenz

Die Kernkompetenzen dienen dem Unternehmen als allgemeingültige Ausrichtung zur Einschätzung und Entwicklung der Personalkompetenzen und werden meist mit konkreten Hinweisen versehen, was an Verhalten und Nicht-Verhalten erwartet wird (den „do's and don'ts"). Idealerweise werden sie auch in alle Führungs-, Personalauswahl- und Personalentwicklungsinstrumente integriert.

3.1.2   Die Person-Job-Passung

Um die Anforderungen an die Person-Job-Passung zu konkretisieren, müssen Sie nun die Stellenanforderung (siehe 2.2.1) und die erfolgskritischen Tätigkeiten in die Kernkompetenzen (siehe 3.1. Person-Organisations-Passung) übersetzen und die erforderliche Qualifikation des Kandidaten bestimmen.

Aus der Praxis

Eine Organisation stellte vor einiger Zeit einen neuen Personalleiter ein, der viele der Kriterien mitbrachte, die man gesucht hatte. Er machte sich an die Arbeit, heuerte neue Personaler an und führte neue Systeme der Leistungsbeurteilung ein. Allerdings, ohne sich ausreichend mit seinen Linienkollegen abzustimmen. Diese waren auch vorher nicht ausreichend in die Suche nach dem Personalleiter eingebunden worden. Als sie sich dann in einigen wichtigen Fragen übergangen fühlten, kam es zum Knall. Der Personalleiter musste das Unternehmen wieder verlassen.

Eine mögliche Erklärung ist, dass er einfach nicht in die Unternehmenskultur passte. Eine andere Erklärung ist, dass man seine Rolle, sein spezifisches Umfeld beziehungsweise die Einflussfaktoren und die damit verbundenen Anforderungen vorab nicht ausreichend geklärt hatte. Dann kann der Interviewer im Auswahlgespräch nicht fokussiert genug nachfragen und auf die Themen eingehen, die am Ende wirklich entscheidend sind. Fazit: Der Kandidat hat keine reelle Chance.

Grundsatzfragen zum Job

Es gibt eine Reihe von grundsätzlichen Fragen, die jeder beantworten muss, der von Unternehmensseite mit der Einstellung zu tun hat. Und zwar bevor ein konkretes Anforderungsprofil erstellt wird. Und wir meinen wirklich jeden. Natürlich den direkten Vorgesetzten, natürlich den Personaler. Aber auch den Vorgesetzten des Vorgesetzten, denn in aller Regel wird er den Kandidaten vor der Einstellung auch interviewen. Und spätestens dann sollte es keine unterschiedlichen Erwartungen mehr geben.

■ Brauchen wir diese Position jetzt?

■ Welche Arbeit wird nicht mehr erledigt, wenn wir sie nicht besetzen?

> Die manchmal schwierige Diskussion um die Nachbesetzung einer Stelle ist leichter zu entscheiden, wenn man ermittelt, welche Aufgaben nicht mehr erfüllt werden könnten. Dann geht es um die Bewertung dieser Aufgaben – das nimmt einige Emotionen aus dem „Spiel".

■ Welche Strategie verfolgen wir im Moment?

■ Wie kann uns der neue Mitarbeiter helfen, diese Strategie umzusetzen?

> Wenn sich ein Unternehmen entscheidet, wegen nachhaltiger Veränderungen der Kundenerwartungen das Verkaufsverhalten seiner Vertriebsmitarbeiter zu modifizieren, dann müssen die Newcomer diesen Ansprüchen auch entsprechen.

■ Welche Inhalte der Aufgabe werden sich in der nächsten Zeit verändern?

■ Über welche Kompetenzen verfügt das Umgebungsteam – Kollegen, Vorgesetzte, Mitarbeiter?

■ Welche Kompetenzen sind in diesem Team nicht vorhanden?

> Wir haben in unserer Erfahrung in mehr als 5.000 Einstellungsgesprächen kaum Kandidaten erlebt, die alle Erfordernisse des neuen Postens zu 100 Prozent abdecken. Deshalb empfehlen wir in Erfahrung zu bringen, welche Fertigkeiten im Team bereits vorhanden sind, um die Entwicklungsfelder des neuen Kollegen auszugleichen.

■ Woran können wir in einem Jahr valide messen, ob die neue Führungskraft erfolgreich war? Welche konkreten Ergebnisse erwarten wir? Und auf welche Weise soll ihr das gelingen?

Manchmal erwarten wir, dass ein neuer Mitarbeiter Verbesserungen erreicht, die nur dann zu schaffen sind, wenn sich die Strukturen ändern. Gibt es zum Beispiel seit Jahren Probleme in der Zusammenarbeit mit anderen Teilen der Organisation, dann muss der Neue die richtigen Eigenschaften mitbringen, um das verändern zu können. Er hat jedoch nur dann eine Chance, wenn sich auch seine Partner auf den Weg machen.

■ Was sind die größten Hindernisse bei der Erreichung der kurz- und mittelfristigen Ziele?

Wenn es in der Produktion aufgrund von Umstellungen in den nächsten 12 Monaten Engpässe geben wird, kann der neue Marketingchef nur sehr begrenzt neue Produkte auf den Markt bringen. So einfach sich dies anhört, es kommt immer wieder vor, dass solche Engpässe nicht ausreichend berücksichtigt werden und zu unrealistischen Forderungen führen.

■ Welche erfolgskritischen Situationen muss der neue Mitarbeiter wie bewältigen, um die erwarteten Ergebnisse zu erreichen?

Jede Aufgabe impliziert zwei bis drei erfolgskritischen Situationen, jene Momente, die entscheidend für die Erreichung der Ziele beziehungsweise Ergebnisse sind. Für einen Verkäufer ist das vielleicht, wie er das Kaufbedürfnis seines Kunden im Gespräch weckt, für eine Führungskraft vielleicht eher, wie klar sie bei der Einstellung des neuen Mitarbeiters einen echten Gewinn fürs Team erzielt, für den Produktionsleiter hingegen, wie er in eskalierten Situationen mit der Entwicklungsabteilung wieder Transparenz über Ergebnisverantwortungen und nachhaltige Lösungen schafft, für einen Projektleiter womöglich, wie er die benötigten knappen Mitarbeiterressourcen in kritischen Projektphasen sichern kann. Diese erfolgskritischen Situationen liefern die wichtigsten Informationen über Anforderungen und die Fähigkeiten, die wirklich nötig sind, um diese mit Erfolg zu meistern. Zudem geben sie uns bereits inhaltliche Vorlagen für spätere Interviewfragen.

Jede einzelne Stelle hat ihre ganz spezifischen Anforderungen. Selbst wenn eine große Vertriebsorganisation zehn oder mehr Filialleiter pro Jahr einstellt, gibt es besondere Perspektiven für jede Position. Die besondere Kundenstruktur, die Teamzusammensetzung, die Konkurrenz – all das wird sich unterscheiden und will berücksichtigt werden, um die Anforderungen exakt spezifizieren zu können.

Grundsatzfragen zur Person

Erst, nachdem Sie alle Fragen zu der zu besetzenden Position an dieser Stelle geklärt und sich ein umfassendes Bild über die Erwartungen und Anforderungen an die neue Position verschafft haben, kommen Sie schließlich zu der Frage, wen Sie suchen. Erst jetzt sollten Sie die folgende, für die Auswahl zentrale Frage beantworten (siehe auch 2.2.1. Anforderungsprofil):

■ Über welche fachlichen und überfachlichen Kompetenzen muss der neue Mitarbeiter verfügen? Was muss er auf jeden Fall mitbringen – was nicht unbedingt?

Bei der Beantwortung dieser Frage müssen die Kompetenzen möglichst konkret beschreiben und hinterfragt werden. Vor allem die überfachlichen und Kernkompetenzen sind in Verhaltensweisen zu übersetzen, sonst können Sie diese nicht realistisch im Interview erfragen und einschätzen. Erwarten Sie von einem Produktionsleiter, dass er Konflikte mit Schnittstellen, etwa mit der Entwicklungsabteilung, zu nachhaltigen Lösungen führt, dann stellt das ganz andere Anforderungen an die Konfliktfähigkeit, als wenn Sie einen jungen Schicht-Teamleiter in der Produktion suchen, der die Umsetzung von Qualitätsstandards durchsetzen oder Krankenstandsquoten senken soll.

In diesem Zusammenhang sollten Sie sich auch ganz genau anschauen:

■ Was unterscheidet den sehr erfolgreichen vom durchschnittlich erfolgreichen Mitarbeiter auf dieser Position? Ist zum Beispiel das Führen von Krankenstandsgesprächen erfolgskritisch für den Schicht-Teamleiter, müssen Sie sich fragen: Was genau macht der sehr gute anders als der durchschnittliche Schicht-Teamleiter? Die Antwort zeigt Ihnen, worauf Sie im Interview wirklich achten müssen, wonach Sie fragen und was Sie auswerten, zum Beispiel: Er spricht die Mitarbeiter sofort an und nicht erst nach ein paar Tagen/Wochen, er fragt tiefer nach, er vereinbart Veränderungen und hakt diese nach, bis deutlich positive Veränderungen sichtbar werden, und so weiter.

3.2 Praxisbeispiele: Kernkompetenzen konkretisieren

Lassen Sie uns nun einen Blick auf einzelne Funktionen im Unternehmen richten und sehen, welche Qualifikationen dort gebraucht werden. Wir stellen hier Beispiele vor, indem wir zuerst den Kern beschreiben und dann anhand eines konkreteren Falls jeweils in die Tiefe gehen.

3.2.1 Beispiel „Anforderungen Controller"

Im Geschäftsbereich Finanzen treffen wir auf sehr unterschiedliche Sachgebiete und Aufgabeninhalte. Vom Revisor über den Steuerfachmann bis hin zum Controller gelten spezifische Anforderungen, es gibt aber auch Gemeinsamkeiten. Auf allen Positionen geht es um Zahlen, und zwar um die Ermittlung sehr genauer Zahlen. Daher ist Genauigkeit genauso bedeutsam wie die Fähigkeiten, sowohl den gesamten Zusammenhang zu erkennen als auch das kleine Detail zu berücksichtigen. Dabei sind Komplexitätsverarbeitung und analytischer Sachverstand genauso von Bedeutung wie gutes Urteilsvermögen und Planungs-Know-how. Mitarbeiter im Finanzbereich neigen im Gegensatz zu ihren Kollegen im Vertrieb in der Regel eher zu introvertiertem Verhalten. Daher benötigen die Führungskräfte hier besondere Anlagen. Von ihnen werden neben Intelligenz und mathematischem Können häufig auch Nüchternheit, Ausgewogenheit und Stressresistenz erwartet. Die folgende Tabelle zeigt beispielhaft Kernkompetenzen und ihre Konkretisierung im Hinblick auf die Position eines Controllers.

Abbildung 17   Anforderungen Controller

Kernkompetenz	Konkretisierung für die Rolle Controller
Ziel- und Ergebnisorientierung	– Liefert zuverlässige Ergebnisse zeitnah – Entwickelt nachhaltige Lösungen – Lässt sich an seinen Ergebnissen messen
Analytisch-strategische Kompetenz	– Kann aus Zahlen die notwendigen Schlussfolgerungen ableiten – Kennt die neuen Methoden der Erfolgskontrolle und kann sie anwenden – Fundierte mathematische oder betriebswirtschaftliche Kenntnisse – Kontrollmentalität (Zahlen prüfen und zielgerichtet hinterfragen)
Kundenorientierung	– Betreibt ein ausgeprägtes Networking über den eigenen Bereich hinaus – Hat ein Gesamtbild vom Unternehmen und den aktuell wichtigen Themen
Teamfähigkeit und interkulturelle Kompetenz	– Kommuniziert auf allen Ebenen sicher, hält kritische Auswertungen nicht zurück – Kann sich adressatengerecht ausdrücken – Kann seine Informationen aufs Wesentliche zusammenfassen und kommunizieren – Berät das Management bei der Steuerung des Unternehmens (nicht nur Zahlen liefern) – Entwickelt eigene Ideen und Vorschläge und leitet diese an das Management oder andere Fachbereiche weiter – Gibt eigenes Wissen an Kollegen weiter
Veränderungsfähigkeit	– Sucht nach innovativen Lösungen – Arbeitet kontinuierlich an der Verbesserung von Prozessen – Entwickelt sich und auch die Performance des eigenen Bereiches weiter
Leistungsfähigkeit und Belastbarkeit	– Zeigt Blick fürs Detail, erkennt frühzeitig Risiken – Kann kurzfristige, ungeplante Anfragen fristgerecht bearbeiten

Kernkompetenz	Konkretisierung für die Rolle Controller
Selbstorganisation und Planungs-kompetenz	– Hält Zeitvorgaben ein – Hat eine eigene Zeitplanung – Priorisiert effizient – Sichert die Qualität der eigenen Arbeit – Hat ein Auge für Details, verliert sich aller-dings nicht in diesen, sondern konzentriert sich auf das Wesentliche

Diese Anforderungsliste lässt sich auch für jede andere Position erstellen und ist enorm hilfreich, um sich konkret vor Augen zu führen, welche Eigenschaften und Fähigkeiten die gesuchte Person mitbringen soll. Zur Veranschaulichung folgt ein weiteres Beispiel aus einem anderen Tätigkeitsbereich.

3.2.2   Beispiel „Anforderungen Filialleiter"

Vertrieb ist nicht gleich Vertrieb. Von der qualifizierten Beratung zum technisch an-spruchsvollen Investitionsgut, das einen Verkaufszyklus von mehreren Monaten oder gar Jahren durchläuft, bis zum Massenabsatz eines Konsumguts, das innerhalb von Minuten verbraucht wird – die Spannweite von Anforderungen an Vertriebsprofis ist riesig. Und dennoch gibt es einige zentrale Qualifikationen, ohne die kein Verkäufer erfolgreich sein kann: Sie müssen gut Kontakte herstellen und gestalten können – mit potenziellen und mit existierenden Kunden. Die besten Verkäufer brauchen die Begegnung mit anderen Men-schen. Mit einer großen Wahrscheinlichkeit sind sie extravertiert, können sich behaupten, gut ausdrücken und mögen den Wettbewerb mit anderen. Außerdem müssen sie ihre Sicht der Dinge überzeugend darstellen können. Gleichzeitig zeigen sie Taktgefühl und verfü-gen über die notwendige Sensibilität im Umgang mit ihren Kunden. Sie zeigen Hartnä-ckigkeit, wenn sich Dinge nicht sofort so entwickeln, wie sie es wollen. Und sie lassen sich von Rückschlägen nicht aus der Bahn werfen. Sie müssen ein gewisses Maß an Selbstdis-ziplin aufbringen, um ihre Arbeit zu planen und sich nicht vorschnell zufrieden zu geben. Leistungsbereitschaft hilft – wie bei jeder anderen Aufgabe auch. Von Führungskräften im Vertrieb wird in der Regel ein dynamisches, durchsetzungsfähiges und sogar forderndes Verhalten erwartet. Die folgende Tabelle zeigt beispielhaft Kernkompetenzen und ihre Konkretisierung im Hinblick auf die Leitung einer Geschäftsfiliale im Einzelhandel.

Abbildung 18   Anforderungen Filialleiter

Kernkompetenz	Konkretisierung für die Rolle Filialleiter
Ziel- und Ergebnisorientierung	– Setzt sich selbst hohe Ziele – Vereinbart Umsatz- und Entwicklungs-Ziele mit Mitarbeitern – Wertet Zielerreichung für das Team täglich aus und entwickelt konkrete Maßnahmen – Steuert das Geschäft über Instrumente wie tägliche Zahlenkontrolle, inklusive Ableitung von Maßnahmen – Erreicht vorgegebene Ziele – Hält Vereinbarungen und Termine konsequent ein – Hält sich an Regeln, bewahrt Prozessdisziplin
Analytisch-strategische Kompetenz	– Kennt und wertet Umsatz-Zahlen (pro Mitarbeiter und Filiale) konsequent aus – Analysiert Erfolgsfaktoren und Potenziale der Filiale
Kundenorientierung	– Kennt und wertet Markt-Trendanalysen (regionale Entwicklungen, Kundenbedarfsanalysen, etc.) aus – Kennt seine direkten, regionalen Wettbewerber (inkl. deren Aktionen zur Kundengewinnung) – Erfragt Feedback seiner Kunden und setzt notwendige Veränderungen zeitnah um – Lebt kundenorientiertes Verhalten vor
Teamfähigkeit und interkulturelle Kompetenz	– Erkennt Konflikte und geht notwendige Konflikte offen und lösungskonsequent an – Bietet Kollegen/Mitarbeitern Unterstützung an – Sichert Kommunikation und Feedback
Veränderungsfähigkeit	– Entwickelt realistische Lösungen für neu aufgetretene Probleme – Entwickelt Ideen, mit denen z.B. Prozesse verbessert werden

Kernkompetenz	Konkretisierung für die Rolle Filialleiter
Leistungsfähigkeit und Belastbarkeit	– Setzt hohe Ansprüche an sich und andere – Sucht den Erfolg, will zu den Besten zählen – Tauscht sich mit Kollegen aus, sucht aktiv Feedback – Lernt kontinuierlich dazu – Reflektiert seine Stärken und Schwächen – Reagiert zeitnah bei Problemen – Kann bedarfsgerecht verkaufen – Lässt sich von Rückschlägen nicht aus der Bahn werfen
Selbstorganisation und Planungskompetenz	– Setzt und kommuniziert Prioritäten gemäß der Zielvereinbarungen – Entwickelt realistische Lösungen zur Erzielung optimaler Ergebnisse – Setzt Ressourcen planvoll und effektiv ein (erledigt seine Arbeit in angemessener Zeit) – Ist gut organisiert, plant Tag/Woche/Monat/Quartal – Nutzt firmeninterne Vertriebs-Planungs-Tools
Führung	– Kommuniziert anspruchsvolle Leistungserwartungen und Ziele – Schafft Leistungstransparenz (Mitarbeiter wissen, wo sie stehen) – Befähigt seine Mitarbeiter, Ziele zu erreichen durch kontinuierliches Leistungs-Feedback und Qualifizierungsangebote – Kennt Leistung/Potenziale der Mitarbeiter – Fördert und fordert die Mitarbeiter – Setzt Führungsinstrumente systematisch ein – Gibt faires, zeitnahes und zutreffendes Feedback, das Mitarbeiter in ihrer Entwicklung und Zielerreichung weiterbringt – Delegiert mit Benennung von erwarteten Ergebnissen, Qualitätsstandards und Zeitvorgaben

Die beiden Tabellen in Abbildung 18 nennen eine Menge Anforderungen. Wahrscheinlich werden Sie niemanden finden, der alle perfekt erfüllt. Deshalb ist es wichtig, diese Kompetenzen innerhalb einer Skala von 1 bis 4 zu gewichten (1 = sehr wichtig bis 4 = weniger wichtig). Eine Vorlage liefert das folgende Beispiel.

3.2.3   Beispiel „Position Marketingleiter"

Um zu verdeutlichen, wie unterschiedlich einzelne Aufgaben und damit auch Anforderungen in den einzelnen Unternehmensbereichen aussehen können, zeigen wir Ihnen noch eine vergleichbare Liste für einen Marketingleiter. Diesmal führen wir die Anforderungen gleich mit allen anderen Informationen zusammen, die wir für diese Stelle gesammelt haben. Damit geben wir Ihnen ein Beispiel für ein Anforderungsprofil in die Hand, das sich in der Praxis sehr bewährt hat.

Abbildung 19   Vorlage zur Klärung des Anforderungsprofils

Position:	Marketingleiter					
Personalreferent:			Führungskraft:			
Recruiter:		Datum:		Start:		
Ähnliche Position / schon bestehende Ausschreibung?						
Job Spezifikation siehe Formular im Anhang						
Fachliche Voraussetzung (Ausbildung, Qualifikation, Erfahrung, Spezialkenntnisse, Sprachkenntnisse)					**Muss**	**Kann**
Marktforschung – hat 5-7 Jahre Erfahrung in der Vergabe und Interpretation von Marktforschungsstudien, hat gezeigt, dass er aus den Studienergebnissen die richtigen Schlüsse zieht und Resultate produziert					X	
Produktentwicklung – verfügt über mindestens 7 Jahre Erfahrung in der Entwicklung neuer Produkte. Kann zählbare Erfolge nachweisen					X	
Produkteinführung – hat über ebenso viele Jahre demonstriert, dass er neue, innovative Produkte erfolgreich in den Markt einführen kann					X	
Branchen-Kenntnis						X
Sprachkenntnisse: Englisch verhandlungssicher (Wort und Schrift)					X	
IT-Kenntnisse: keine besonderen (außer PowerPoint, Excel etc.)						X
Sonstiges: Mobilität					X	
Anforderung Kompetenzen - Konkretisierung und Ausprägung (1-4) 1 = sehr wichtig, 2 = wichtig, 3 = durchschnittliche Anforderung, 4 = nicht wichtig						

Ziel- und Ergebnisorientierung	• Setzt anspruchsvolle, auf zukünftigen Erfolg ausgerichtete Ziele • Plant strategische Initiativen • Implementiert effektive Messgrößen des Erfolgs für die Marketing Organisation (KPIs = Key Performance Indicators = Erfolgsmessgrößen) • Hält Leistungsentwicklungen konsequent nach	
Analytisch-strategische Kompetenz	• Antizipiert Trends und kann zukünftige Konsequenzen einschätzen • Kann ein Bild von der Zukunft malen • Kann daraus Strategien und Pläne entwickeln	
Kundenorientierung	• Zeigt profunde Kenntnisse über Markt- und Wettbewerbssituation und aktuelle Trends • Integriert interne und externe Schnittstellen, nutzt Synergien	
Teamfähigkeit und interkulturelle Kompetenz	• Erkennt Probleme frühzeitig und handelt • Hört gut zu und beteiligt andere • Kann auch in schwierigen Situationen gute Lösungen zur Zusammenarbeit finden	

Veränderungsfähigkeit	• Setzt kontinuierlichen Strategie- und Innovationsprozess auf (unter Einbindung der relevanten externen/internen Schnittstellen) • Beschleunigt die Qualifikationsentwicklung innerhalb der Marketing-Organisation
Führung	• Setzt fordernde Ziele • Schafft es, aus den einzelnen Führungskräften ein Führungsteam zu formen • Unterstützt bei Problemen, gibt konstruktives Feedback
Selbstorganisation und Planungskompetenz	• Setzt klare Prioritäten • Implementiert Planungs-Tool für Marketing Organisation • Effektive Ressourcen-Allokation

Aufgaben/Erwartete Strategie- und Ergebnisbeiträge

- Marktanteil um 5% erhöhen
- Nummer 1 in Kundenzufriedenheitsbefragungen werden
- Neues Qualitätsprogramm aufsetzen
- Einführung neuer Produkte
- Qualifikation und Teamwork in der Gruppe stetig verbessern (u.a. Teamleistung durch externe und interne Einstellungen erhöhen)
- Zusammenarbeit mit anderen Unternehmensbereichen verbessern

Zusätzliche Anforderungen (Was muss jemand wissen/wollen/können, um diese Aufgabe zu erfüllen? Was unterscheidet einen erfolgreichen von einem weniger erfolgreichen Positionsinhaber?)

→ erkennt Probleme frühzeitig und handelt, hört gut zu und beteiligt andere, kann auch in schwierigen Situationen gute Lösungen zur Zusammenarbeit finden

→ löst Schnittstellen-Thematik

→ Führung: effektives People Management (-> setzt auf nachhaltige Qualifikations-Entwicklung)

Erfolgskritische Situationen (Welche Situationen gilt es wie zu bewältigen, um mittelfristig in dieser Position erfolgreich zu sein? Was unterscheidet einen erfolgreichen von einem weniger erfolgreichen Positionsinhaber in diesen erfolgskritischen Situationen?)

- eskaliert Probleme mit Schnittstellen (z.B. Entwicklung, Produktion) und direkt mit seinen Kollegen, nur in letzter Konsequenz über die Einbindung der Vorstände, bezieht Schnittstellen frühzeitiger (in Strategie und Entscheidungsprozesse) aktiver ein

- arbeitet enger mit seinen Abteilungsleitern, qualifiziert sie stärker im Hinblick auf Team und Mitarbeiterentwicklung, führt kaskadierte Informations- und Kommunikations-Kultur ein (regelmäßige Strategie- und Projektmeetings), sichert die Qualität von Marketing-Analysen und Auswertungen

Qualitäts-Check

Sind alle aufgenommenen Anforderungen eindeutig? Verstehen alle Beurteiler unter den Anforderungen das Gleiche? Ist klar, wie sich die Anforderungen in beobachtbaren Verhaltensweisen am Arbeitsplatz zeigen?

Ergänzende Informationen		Vakanzen:	
Strategie / anstehende Projekte:			
Mitarbeiterverantwortung:	5 Abteilungsleiter, insgesamt ca. 35 Mitarbeiter		
Berichtet an:	Vertriebs-Vorstand		
Teamgröße:	6	Alter der Teammitglieder:	
Warum ist die Vakanz entstanden (ggf. Kündigungsgrund):	Vorgänger hat das Unternehmen verlassen		
Entwicklungsperspektiven in welchem Zeitraum:	internationale Marktleitung (in ca. 3-5 Jahren)		
Reiseanteil (wohin, wie oft):	ca. 40% (Europa, Asien)		
Standort:	München		
Gehalt bis max.:			
Abwesenheiten des Personalreferenten:			

Abwesenheiten der Füh- rungskraft:	
Termin für TOP5:	
Information von Recruiter an Personalreferent/Führungskraft zu Kapazitätsauslastung und möglichen Zeitpunkt der Weiterleitung der TOP5 Kandidaten	
Qualitäts-Check	
Ist die Zeitschiene mit dem Fachbereich abgestimmt? Wurden Abwesenheiten in naher Zukunft abgefragt? Kennt der Fachbereich das Vorgehen in Interviews?	
Geblockte Termine für Vorstellungsgespräche	
Weitere Anmerkungen / zu beachten	

Anhand dieser Vorlage können fachliche wie überfachliche Muss-Kann-Kriterien im Dialog zwischen Führungskraft und Personal-Verantwortlichen professionell konkretisiert werden. Die Vorarbeit ermöglicht es vor allem, einen klaren Fokus für das Interview herauszuarbeiten. Sie wissen nun, nach welchen Punkten Sie konkret fragen müssen, welche Arbeitsproben und eventuell situativen Test-Verfahren Sie unter Umständen in den Auswahlprozess integrieren sollten und welche Beispiele Sie aktiv bis zu welchem Punkt erfragen müssen, um eine gültige Auswahlentscheidung treffen zu können.

Bei allen Anforderungslisten an Ihre bestehenden und zukünftigen Mitarbeiter sollten Sie jedoch eines nicht vergessen: Superman und Superwoman gibt es nur im Film. Die Menschen, mit denen Sie heute schon im Unternehmen zusammenarbeiten, kennen Sie bereits und wissen, was sie wirklich gut können und welche Aufgaben Sie ihnen besser nicht geben – und das akzeptieren Sie auch, weil es im Zusammenspiel gut funktioniert. Doch der „Neue" soll häufig ein Ideal erfüllen – eine grenzenlose Überforderung.

Die entscheidende Frage lautet: Wie können Sie sicher einschätzen, ob der Kandidat die Kriterien erfüllt beziehungsweise ob er das an Qualifikationen und Eignung mitbringt, was Sie als erfolgskritisch definiert haben? Nach dem Konzept der beruflichen Eignung setzt sich die Qualifikation oder Eignung aus einer Mischung von Fach- und Methoden-Kompetenzen, vor allem aber auch Persönlichkeitsmerkmalen und Motiven zusammen. Diese entscheiden, ob der Kandidat seine Leistung auch zukünftig in unterschiedlichen Kontexten, unter sich verändernden Rahmenbedingungen und unter Belastung am Arbeitsplatz einbringen wird.

3.3 Die Einschätzung der Person: Warum sind manche Menschen erfolgreicher als andere?

Erfolge werden meist mit dem begründet, was der Betreffende gelernt hat, ob er das entsprechende Fachwissen mitbringt und ob er idealerweise über genügend Berufserfahrung verfügt. Dass diese Kriterien früher eine andere Bedeutung hatten als heute, haben wir bereits in Kapitel 1 ausgeführt. Damit allein werden Sie also nicht weiterkommen.

Was ist es dann? Weitere gute Gründe liegen in der jeweiligen Persönlichkeit der Menschen, mit all dem, was ihnen wichtig ist, was sie antreibt, was sie sich zutrauen – und was nicht.

In vielen Einstellungsinterviews wird über die Ausbildungen, Fach- und Methodenwissen sowie Berufserfahrungen gesprochen, nur wenige Interviewer analysieren die Zusammenhänge der erfolgsprägenden Persönlichkeitsdimensionen, Motive, Werte und Potenzialfaktoren – vor allem deshalb, weil das erforderliche Wissen zum Thema Eignungsdiagnostik und Persönlichkeit weithin fehlt.

Vielleicht aber auch, weil eine solche Analyse zur Auseinandersetzung mit der eigenen Person und dem kritischen Hinterfragen der eigenen Erfolgsrezepte führt: Was sind denn Ihre erfolgsrelevanten Persönlichkeitsmerkmale? Was treibt Sie an?

Führen Sie zum Beispiel Ihren beruflichen Erfolg – bewusst oder unbewusst – auf Ihren außerordentlichen Fleiß zurück, neigen Sie mit hoher Wahrscheinlichkeit dazu, diese Eigenschaft auch bei anderen Menschen zumindest sehr hoch oder gar überzubewerten. Selbst wenn besonderer Fleiß für die zu besetzende Position nicht unbedingt relevant ist oder wenn der Kandidat andere Erfolgsrezepte einsetzt, zum Beispiel eine überdurchschnittliche Kommunikationsfähigkeit.

Wie wichtig Selbsterkenntnis und die Antworten auf diese Fragen sind – schon allein, um den Prozess der Einschätzung professionell, also auch distanziert von den eigenen Werten, Stärken und Neigungen und konzentriert auf die definierten Anforderungen zu führen – wird in Kapitel 5 ausführlicher erklärt. An dieser Stelle wollen wir ein paar Grundvariablen der Eignungsdiagnostik ansprechen, damit Sie eine Vorstellung davon bekommen, woraus Sie und andere Menschen Kraft schöpfen und welche Eigenschaften und Motive auf eine größtmögliche Stabilität in kritischen Situationen hinweisen.

3.3.1   Die Eignung in drei Dimensionen

Berufliche Eignung ist ein mehrschichtiges Modell, das sich aus unterschiedlichen Einflussgrößen zusammensetzt. Wir wollen uns hier auf drei Aspekte konzentrieren:

■ Die Vielfalt und Tiefe an Berufserfahrungen bis hin zu konkreten Aus- und Weiterbildungen

■ Die individuell ausgeprägten Persönlichkeitsmerkmale: Was macht die Individualität beziehungsweise das Profil eines Menschen aus (wie belastbar, wie reizverarbeitend, wie offen für neue Erfahrungen, wie umgänglich, wie gewissenhaft etc. ist er)?

■ Die individuell ausgeprägten Motive und Werte: Was treibt jemanden an, interessiert ihn und ist von Wert für ihn (etwa: wie beziehungs-, macht- und oder leistungsorientiert ist er)?

Die Abbildung 20 zeigt das Zwiebelmodell der Eignung mit persönlichkeitsbezogenen Faktoren, die hinter den offensichtlichen Berufserfahrungen, Aus- und Weiterbildungen liegen. Der innere Kern des Modells steht für die Motive, aus denen ein Mensch auch in schwierigen Situationen Kraft schöpfen kann. Ein sehr leistungsorientierter Mensch wird sich in kritischen Phasen besonders auf seine Leistung konzentrieren, ein eher beziehungsorientierter Mitarbeiter auf seine Beziehungen. Das heißt nicht, dass der Betreffende damit auch Erfolg hat, sondern lediglich, dass es ihn immer wieder dorthin zieht.

Die Persönlichkeitsdimensionen in der zweiten Schicht des Modells stellen dagegen stabile Fähigkeiten dar. Stellt zum Beispiel Gewissenhaftigkeit einen hohen Wert für den Betreffenden dar, und ist es ihm wichtig, Dinge zu Ende zu bringen, wird er dies in der Regel auch in schwierigen Situationen leisten können.

Abbildung 20   Die Eignung in drei Dimensionen

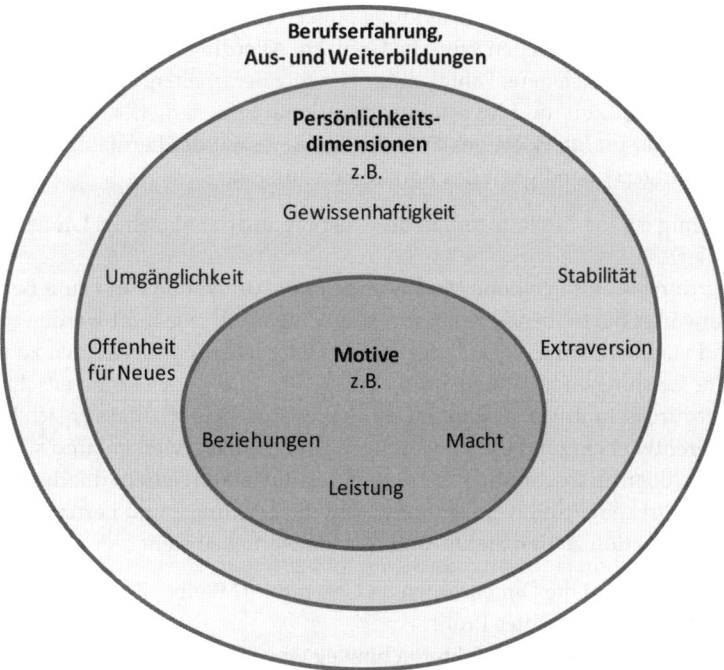

Für die Erfassung der fachlichen und methodischen Kompetenzen bietet die „oberste Schicht", also die relevanten Berufserfahrungen, Aus- und Weiterbildungen, eine Menge auswertbarer Informationen. Allerdings können Sie hier nur vergangenheitsbezogen analysieren, was jemand an Wissen und Erfahrung mitbringt. Die Einschätzung aber der überfachlichen Kompetenzen und die Vorhersagekraft für beruflichen Erfolg unter anderen Rahmenbedingungen sind sehr eingeschränkt.

3.3.2   Was macht Erfolg eigentlich aus?

Um die Frage beantworten zu können, warum manche Menschen erfolgreicher sind als andere, müssen wir zunächst klären, was wir unter Erfolg verstehen. Losgelöst vom beruflichen Kontext definiert die Psychologie Erfolg danach, inwieweit jemand im Einklang mit sich und seinen Werten lebt und die von ihm gesetzten Ziele erreicht. Im beruflichen Zusammenhang verstehen wir Erfolg als das dauerhafte (Über-)Erfüllen der jobbezogenen Anforderungen und Leistungserwartungen. Für eine Erfolgsprognose von Kandidaten halten wir im Zusammenhang mit dem Eignungsmodell folgende Aspekte für sehr relevant:

■ Wie solide und hinreichend sind Ausbildung und bisherige Berufserfahrung für die
Erfüllung der angestrebten beruflichen Rolle und Ziele?
Hat der Kandidat vielleicht keine Erfahrung, aber sehr viel Selbstvertrauen? Selbstverständlich sind Erfahrung und Ausbildung äußerst nützlich für die erfolgreiche Ausübung eines Jobs – hier liegen kritische Grenzen. Allerdings ist auch Selbstvertrauen,
also das Zutrauen, sich neue Fähigkeiten zeitnah zu erarbeiten, ein wichtiger Erfolgsfaktor. Neben der Zeit- und Investitionsfrage (kann Erforderliches nachgeholt werden?) muss hier im Interview geklärt werden, wie es mit der Lernfähigkeit, Belastbarkeit und Lerngeschwindigkeit des Kandidaten aussieht.

■ Wie stimmig ist das Gesamtprofil in der Ausprägung der einzelnen Dimensionen
zueinander?
Eine überdurchschnittlich hohe Macht- und Status-Motivation kann zum Beispiel für
einen Anwärter die treibende Kraft sein, unbedingt Führungskraft werden und zunehmend verantwortungsvolle Aufgaben im Unternehmen übernehmen zu wollen.
Sind seine Leistungsmotivation jedoch eher niedrig und seine Lernbereitschaft womöglich unterdurchschnittlich ausgeprägt, ist es unwahrscheinlich, dass er sich kontinuierlich weiterentwickeln (und die notwendigen Fähigkeiten erwerben) und sich anderen
gegenüber (überdurchschnittlich Lern- und Leistungsmotivierten) durchsetzen wird. In
diesem Sinn ist sein Profil nicht stimmig, weil die Leistungs- und Lernmotivation nicht
in richtiger Relation zu den Status- und Machtansprüchen steht.

■ Wie ausgeprägt sind die Dimensionen im Gesamtbild? Bleibt alles im mittleren Bereich
und ergibt kein ausgeprägtes Profil?
Menschen, die über alle Motivfaktoren hinweg eine eher durchschnittliche Ausprägung aufweisen, sind im Arbeitsumfeld oft menschlich sehr angenehme und ausgegli-
chene Kollegen. Gibt es aber keine wirklich treibenden Kräfte, kann die Motivation fehlen, sich anspruchsvolle Ziele zu setzen, Veränderungen zu initiieren, auch unangenehme Entscheidungen zu treffen und unter sich verändernden oder gar ungünstigen
oder stressigen Rahmenbedingungen dauerhaft das Beste zu geben.

■ Wie abhängig ist der Kandidat von „Rahmenbedingungen" und situativen Einflüssen?
Ein sehr ambitionierter, nach Einfluss strebender und beziehungsorientierter Mensch
bringt grundsätzlich alles mit, um sich für eine Führungsposition zu qualifizieren. Ist
aber sein Streben nach Anerkennung und die Abhängigkeit von positivem Feedback
von außen weit überdurchschnittlich, kann das seinen Erfolg einschränken. Zum einen
durch die Motivationsabhängigkeit von außen: Viele Vorgesetzte befriedigen das Bedürfnis nach Anerkennung nicht ausreichend. Zum anderen bedeutet ein hohes Aner-
kennungsbedürfnis in der Regel auch eine (sehr) eingeschränkte Kritik- und oft auch
Konfliktfähigkeit. Das sind jedoch zwei für Führungskräfte unabdingbare Voraussetzungen, um erfolgreiche geschäftliche Entwicklungen zu gestalten und Ziele im Team
zu erreichen.

Die für den beruflichen Erfolg wirklich relevanten Informationen befinden sich also in den beiden „Schichten" Persönlichkeitsmerkmale und Motive des Eignungsmodells: So ist es vor allem die Analyse der relevanten Persönlichkeitsmerkmale und Motive, die Ihnen eine gültige Einschätzung der überfachlichen Kompetenzen, die unabhängig von Zeit und Umfeld vorhanden sind, ermöglicht.

3.4 Eignungsrelevante Persönlichkeitsdimensionen: Was macht uns aus?

Angefangen bei den antiken griechischen Philosophen haben Menschen immer schon versucht, Persönlichkeit über ein theoretisches Konstrukt zu erfassen. Aus den zahlreichen psychologischen Richtungen greifen wir ein Modell heraus, das in vielen aktuellen Studien auch kulturübergreifend faktorenanalytisch immer wieder bestätigt wurde: das Fünf-Faktoren-Modell der Persönlichkeit – auch Big 5 genannt (McCrae & John, 1992).

Im Bereich der Eignungsdiagnostik ist es unserer Ansicht nach nicht nur das pragmatischste, sondern auch das fundierteste Konzept und wird unter anderem im international eingesetzten Reflektor Big5 Personality Führungsprofil eingesetzt. Das Modell wie auch das in der Auswahl und Entwicklung von Führungskräften verwendete Inventar (Online-Fragebogen und Auswertung) erleben wir als aussagekräftig und von Führungskräften sowie Personalverantwortlichen geschätzt und akzeptiert. Forschungserkenntnisse und internationale Studien zur Validität (zu welcher Wahrscheinlichkeit misst der Fragebogen, was er messen soll?) werden kontinuierlich aktualisiert und verweisen auf in diesem Bereich verlässliche Aussagen.

Abbildung 21 zeigt die fünf übergeordneten, für die berufliche Eignung relevanten Persönlichkeitsdimensionen:

Abbildung 21   Die fünf Persönlichkeitsdimensionen

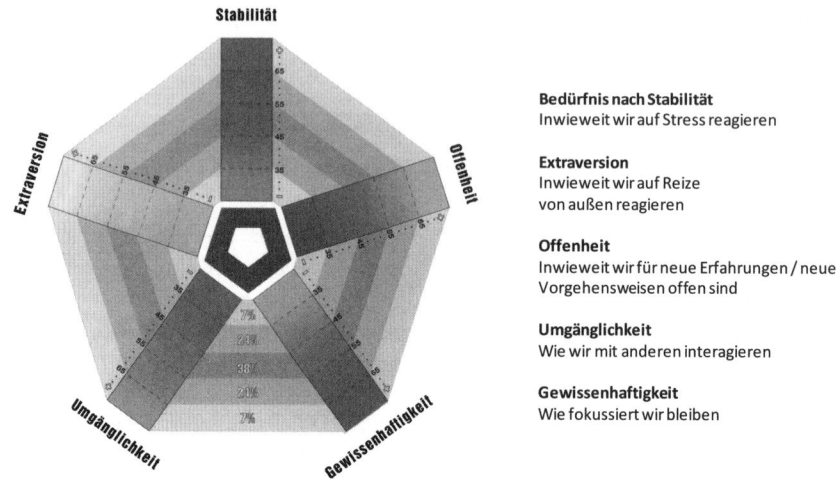

Bedürfnis nach Stabilität
Inwieweit wir auf Stress reagieren

Extraversion
Inwieweit wir auf Reize
von außen reagieren

Offenheit
Inwieweit wir für neue Erfahrungen / neue
Vorgehensweisen offen sind

Umgänglichkeit
Wie wir mit anderen interagieren

Gewissenhaftigkeit
Wie fokussiert wir bleiben

Quelle: Wildenmann 2009

Jede dieser fünf Dimensionen wird als Kontinuum mit Extrem-Polen dargestellt:

Das **Bedürfnis nach Stabilität** beschreibt das Maß an Belastbarkeit und den Umgang mit Rückschlägen:

■ *Besorgnis:* In welchem Ausmaß reagiere ich besorgt?

■ *Ärger:* Reagiere ich eher gelassen oder mit Ärger, wenn Dinge nicht so verlaufen, wie ich es mir vorstelle/erwarte?

■ *Wahrnehmung:* Wie realistisch nehme ich Situationen wahr? Sehe ich eher Probleme oder Lösungen?

■ *Erholungszeit:* Wie schnell erhole ich mich von Belastungen oder Rückschlägen?

■ *Zurückhaltung:* Wie sehr genieße ich es, im Vordergrund zu stehen?

Menschen mit hohen Werten in dieser Dimension sind sensibel und bevorzugen eine möglichst stressfreie Arbeitsumgebung. Dagegen bleibt ein Mensch mit niedrigen Werten in diesem Bereich selbst in stressigen Phasen tendenziell gelassen und relativ unbeeindruckt.

Extroversion beschreibt die Reaktion auf Reize von außen und das Maß an Kontakt, das jemand sucht und verträgt, bis hin zu dem Impuls, andere Menschen zu führen und Einfluss auf sie zu nehmen:

- *Emotionaler Ausdruck:* Gehe ich auf andere eher „businesslike" oder „persönlich" zu?

- *Kontaktfreudigkeit:* Wie sehr suche ich den Kontakt zu anderen – oder brauche ich eher Zeit für mich allein?

- *Führungsimpuls:* Wie ausgeprägt ist mein Impuls, anderen Menschen Richtungen vorzugeben und Einfluss zu nehmen?

- *Aktivität:* Neige ich eher zu einem langsameren, bedächtigeren Arbeitstempo oder zu Geschäftigkeit?

- *Meinungsäußerung:* Wie bereitwillig, offen und direkt benenne ich meine Meinung?

Menschen, die hier hohe Werte aufweisen, sind gerne mitten im Geschehen, während sich jemand mit niedrigen Werten lieber abseits von Lärm und Tumult aufhält und Stille beziehungsweise Konzentration als wertvoll erlebt.

Offenheit für Erfahrungen/Neues beschreibt das Maß an Komplexität, das jemand verarbeiten kann und will, und wie offen er für Veränderungen und Lernerfahrungen ist:

- *Einfallsreichtum:* Wie leicht oder schwer fällt es mir, neue Ideen und kreative Lösungen zu entwickeln?

- *Komplexität:* Wie sehr versuche ich, den Dingen auf den Grund zu gehen? Wie wissbegierig bin ich, und wie gut kann ich komplexe Sachverhalte einfach darstellen?

- *Veränderung:* Inwieweit schätze ich Bestehendes oder bin ich offen für Veränderungen?

- *Eigenständigkeit:* Wie angepasst oder eigenständig bin ich und wie sehr übernehme ich Verantwortung für Entscheidungen?

Hohe Werte hier beschreiben, dass jemand großen Appetit auf neue Ideen und Aktivitäten hat und schnell gelangweilt ist. Menschen mit in dieser Dimension niedrigen Einschätzungen mögen dagegen praxisnahe Orientierung und „operatives Wegschaffen".

Umgänglichkeit beschreibt, wie jemand mit anderen interagiert:

- *Altruismus:* Wie sehr orientiere ich mich an meinen Bedürfnissen oder an den Bedürfnissen anderer?

- *Konfliktbereitschaft:* Wie klar kann ich kritische Themen ansprechen oder wie harmonieorientiert trete ich auf?

- *Anerkennung:* Wie sehr suche ich Anerkennung, oder ist es mir eher unangenehm, gelobt zu werden?

- *Vertrauen:* Wie sehr vertraue ich anderen, oder glaube ich, mich letztendlich nur auf mich verlassen zu können?

- *Takt:* Wie viel Sensibilität habe ich für die Wirkung meiner Äußerungen oder rede ich einfach mal drauf los?

Hohe Ausprägungen bedeuten hier eine Tendenz, sich den Wünschen und Bedürfnissen anderer eher anzupassen, während eine geringe Ausprägung auf Menschen zutrifft, die sich mehr um ihre eigenen Prioritäten kümmern.

Gewissenhaftigkeit/Fokussierung beschreibt, wie ambitioniert, ziel- und ergebnisorientiert oder organisiert jemand ist:

- *Perfektionismus:* Wie hoch sind meine Ansprüche an Leistung und Qualität, oder gebe ich mich mit weniger zufrieden?

- *Selbstorganisation:* Wie gut bin ich organisiert oder reagiere eher flexibel?

- *Innerer Antrieb:* Wie sehr strebe ich nach weiteren Karriereschritten oder bin zufrieden mit dem, was ich habe?

- *Konzentration:* Wie sehr konzentriere ich mich auf die Fertigstellung einer Aufgabe oder wechsele ich zwischen Aufgaben?

- *Planung:* Wie detailliert plane ich?

Hohe Werte beim Thema Gewissenhaftigkeit stehen für Festigkeit und bedeuten, dass diese Person ihre Energie und Ressourcen auf einzelne oder wenige Ziele fokussiert, während niedrige Ausprägungen dafür stehen, dass jemand einen spontanen Arbeitsstil bevorzugt und häufig zwischen Aufgaben hin- und herspringt.

Die individuellen Ausprägungen der Merkmale werden in einer 100er Skala von +2 bis -2 abgebildet, wobei „+" und „-" keine Wertung bedeuten, sondern nur die Ausprägung auf einem Kontinuum. Es geht nicht um ein „je mehr, desto besser", sondern um anforderungsspezifische Passungen.

3.4.1   Das Zusammenspiel der Persönlichkeitsmerkmale oder: Wo viel Licht ist, ist auch Schatten

Um aus dem individuellen Profil, den Eignungseinschätzungen und Potenzialaussagen beziehungsweise Eignungsprognosen die richtigen Schlüsse ableiten zu können, ist es wichtig, das Zusammenspiel der Dimensionen zu berücksichtigen.

Ein überdurchschnittlich extrovertierter Mensch zum Beispiel, der über ein außerordentlich hohes Maß an Kommunikationsfähigkeit verfügt, wird zu einer geringeren Wahrscheinlichkeit seine konzeptionellen Fähigkeiten beziehungsweise seine schriftliche Ausdrucksweise gefördert haben. Übertragen Sie diese Einsicht auf die Anforderungen an Führungskräfte, ist die Wahrscheinlichkeit, dass ein Kandidat Kompetenzen im Bereich der Mitarbeiterentwicklung an den Tag legt, relativ höher – auch die Prognose, wie schnell oder bis zu welcher Ausprägung er das erlernen kann – als im Bereich der strategischen Geschäftsführung.

Wichtige Hinweise zur Eignung erhalten Sie, wenn Sie im Zusammenhang mit stark ausgeprägten relevanten Persönlichkeitsdimensionen auch die Auswirkungen auf andere Dimensionen beziehungsweise mögliche Konfliktpotenziale in Erwägung ziehen. Im Folgenden finden Sie eine Übersicht der häufigsten, relevanten Fragen zu möglichen „Schattenseiten" von Stärken:

- Wie diszipliniert wird ein redegewandter Mensch, dem Aufmerksamkeit und Anerkennung anderer sehr wichtig sind und der von anderen gerne gebraucht wird, wohl bei der Reservierung seiner Zeit für Planung und Konzeptarbeit vorgehen?

  → *stark ausgeprägt:* Extroversion (hohes Bedürfnis nach Kontakt)
     gering ausgeprägt: Gewissenhaftigkeit (niedrige Organisation und Planung)

- Wie ausdauernd wird ein Mensch, der gut „starten" kann, den „Kick" des Neuen liebt und sich von neuen, äußeren Reizen stimuliert fühlt, wohl bei langfristig angelegten Projekten sein?

  → *stark ausgeprägt:* Offenheit für Neues (hohe Veränderungsbereitschaft)
     gering ausgeprägt: Gewissenhaftigkeit (niedrige Perfektion, Selbstorganisation und Planung)

- Wie leicht fällt es einem Menschen, der sich mehr an den Bedürfnissen anderer orientiert und Harmonie sucht, Mitarbeiter und Kollegen zu mehr Leistungsfähigkeit und mitunter unbequemen Veränderungen zu führen?

  → *stark ausgeprägt:* Umgänglichkeit (starker Altruismus/Orientierung an den Bedürfnissen anderer)
     gering ausgeprägt: Extroversion (in der Unterdimension Führungsimpuls)

- Wie geduldig wird sich ein Mensch mit hoher und schneller Komplexitätserfassung bei überdurchschnittlich hoher Ergebnisorientierung und Orientierung an den Unternehmenszielen im Hinblick auf Mitarbeiterentwicklung verhalten?

  → *stark ausgeprägt:* Offenheit für Neues (hohe Komplexitätserfassung und Eigenständigkeit) und Umgänglichkeit (niedrige Orientierung an den Zielen anderer)
     gering ausgeprägt: Extroversion (niedriges Kontaktbedürfnis) und Bedürfnis nach Stabilität (hoher Ärgerfaktor)

- Wie leicht wird es Menschen mit hohen analytischen Fähigkeiten, hoher Komplexitätsverarbeitung, Eigenständigkeit und hoher Veränderungsgeschwindigkeit fallen, im Kontakt mit anderen geduldig auch auf die Beiträge und Einwände der Kollegen und Mitarbeiter einzugehen – oder diese gar in Konzeptions- und Entscheidungsprozesse einzubinden –, wenn sie hier nicht so ausgeprägte Stärken zeigen?

  → *stark ausgeprägt:* Offenheit für Neues (Komplexitätsverarbeitung, Veränderungsfähigkeit und Eigenständigkeit)
     gering ausgeprägt: Extroversion (Kontakt/Bedürfnis, mit anderen zusammenzuarbeiten), Umgänglichkeit (Konfliktfähigkeit, Vertrauen)

- Wie leicht werden Menschen mit ausgeprägten Qualitätsanforderungen, Perfektionismus und Ambition anderen Menschen vertrauen und Aufgaben delegieren können?

  → *stark ausgeprägt:* Gewissenhaftigkeit (hohe Ambition und Perfektionismus)
     gering ausgeprägt: Umgänglichkeit (niedriges Vertrauen)

Die hier aufgezeigten Zusammenhänge sind im Interview so bedeutsam, weil sie dem Interviewer Hinweise geben, wonach zu fragen ist . Denn manchmal liegen die für die Auswertung wichtigen Informationen nicht in dem, was der potenzielle künftige Mitarbeiter erzählt, sondern in dem, was im „Schatten" davon liegt und erst aktiv erfragt werden muss. Kandidaten beispielsweise, die sehr selbstbewusst, positiv und mit guter Starter-Energie überzeugend kommunizieren und von beeindruckend vielen Projekten erzählen, die sie mit viel Elan und bei guter Zusammenarbeit im Team angegangen sind, werden wahrscheinlich nicht von sich aus das Thema Selbstorganisation und Planung ansprechen. Zum einen, weil das für sie als extrovertierte Menschen vielleicht nicht so wichtig ist, zum anderen, weil die Kandidaten natürlich nicht ausführlich und eigeninitiativ von den Dingen erzählen, die sie vielleicht nicht so gut beherrschen. Umso wichtiger, dass Sie als Interviewer wissen, welche Kompetenzen im Zusammenhang mit den aktiv und deutlich genannten Stärken zu überprüfen sind.

Aus der Praxis

Ein sehr ambitionierter, perfektionistischer (ausgeprägte Gewissenhaftigkeit), belastbarer (ausgeprägte Stabilität) Sachbearbeiter mit schneller Auffassungsgabe und guter Verarbeitung von Komplexität (hohe Offenheit für Neues) zeichnete sich nicht nur durch hohes, zuverlässiges Engagement, sondern auch durch sehr gute Zielerreichung aus. Als die nächste Teamleiter-Position zu besetzen war, war man sich einig, dass er der Richtige dafür sei. Seine nur gering ausgeprägten Werte im Hinblick auf Kontaktfreude (Extroversion-Unterfaktor), mangelnde Kritikfähigkeit und persönliche Veränderungsbereitschaft (Offenheits-Unterfaktor), sein eingeschränktes Vertrauen (im Kern glaubt er, dass nur er richtig arbeitet) und sein wenig ausgeprägter Takt (ist stolz darauf, sich nicht zu verbiegen und die Dinge „beim Namen" zu nennen) sowie seine mangelnde Bereitschaft, Konflikte mit anderen zu Lösungen zu führen und stattdessen die Dinge lieber selbst zu regeln und zu entscheiden (Umgänglichkeit: Unterfaktor Konfliktbereitschaft), waren in der Rolle als Sachbearbeiter sehr viel weniger erfolgskritisch als später in der Funktion des Teamleiters. So konnte er trotz überdurchschnittlicher, relevanter Stärken und Leistungen als Führungskraft nicht erfolgreich werden.

3.4.2   Die Erfolgsfaktoren der Vergangenheit sind oft nicht die Erfolgsfaktoren der Zukunft

In der Praxis erleben wir häufig, dass Erfolg mit Potenzial gleichgesetzt wird – was sich aber empirisch nicht bestätigen lässt. Erfolgsfaktoren der Vergangenheit sind oft nicht die Erfolgsfaktoren der Zukunft. Das oben aufgeführte Beispiel verdeutlicht, was immer wieder in deutschen Unternehmen passiert: Jemand ist in einer Rolle erfolgreich, also befördert man ihn so lange weiter, bis er sich an einer Stelle als unfähig erweist – auch „Peter-Prinzip" genannt – und impliziert, dass er automatisch auch in einer neuen – wenn auch mit ganz anders gearteten Anforderungen versehenen – Rolle erfolgreich wird. Schauen wir uns das Profil Leistungsmotivierter einmal genauer an, so wird deutlich, dass nicht jeder Leistungsmotivierte zwangsläufig in jedem Job erfolgreich wird: in reiner Ausprägung sind sie häufig mehr an der Lösung von Problemen interessiert als an der Entwicklung von Menschen. Ihre hohe Ambition kann außerdem dazu führen, dass sie zu Ungeduld und Ärger neigen. In stressigen Situationen vertrauen sie sich selbst vielleicht mehr als anderen und „ziehen" im Zweifelsfall „die Dinge durch".

Folglich ist es umso wichtiger, dass Sie sich die entscheidenden Faktoren ansehen, die die Spreu vom Weizen trennen und die eine gültige Vorhersage erlauben, ob sich Menschen auch unter veränderten Rahmenbedingungen und Anforderungen erfolgreich zeigen: die Potenzialfaktoren.

3.5 Potenzialfaktoren: Aufsteigen oder seitwärts bewegen?

Nach Berücksichtigung all dieser Persönlichkeitsmerkmale und Unterkriterien, mit ihren Stärken und Schwächen, haben sich hiervon vier Faktoren als die stärksten und stabilsten „Potenzialfaktoren" herauskristallisiert. Diese vier Faktoren wurden auch im Hinblick auf Management-Potenzial in zahlreichen international angelegten Studien nachgewiesen (Wildenmann, 2009):

■ Die Fähigkeit im Umgang mit Komplexität (Offenheits-Dimension)

- die innere Logik erkennen
- schwierige Dinge einfach erklären können

■ Die Motivation aus dem Ungelösten (Gewissenhaftigkeits-Dimension)

- Initiative ergreifen (Drive)
- Leistungslevel setzen
- immer den Fortschritt provozieren

■ Einfluss nehmen auf soziale Systeme (Extroversions-Dimension)

- Impulse setzen
- Entscheidungen treffen
- Wirkungen erkennen und erzielen

■ Die Fähigkeit, aus Erfahrung zu lernen (Offenheits-Dimension)

- sich stets neue Situationen schaffen
- die eigene Persönlichkeit entwickeln

Diese Potenziale gehören zum Wesen oder Charakter eines Menschen und sind nicht oder nur sehr eingeschränkt erlernbar: Man hat sie, oder man hat sie nicht. Sehen wir uns einmal genauer an, wie sie sich in der Praxis äußern können.

3.5.1   Die Fähigkeit im Umgang mit Komplexität

Es handelt sich um eine sehr wertvolle, attraktive Fähigkeit – solange sie nicht vor lauter Detailversessenheit am Ergebnis vorbei arbeitet.

Aus der Praxis

Ein hoch intelligenter, leistungsstarker Entwicklungsingenieur bei einem Luft- und Raumfahrtunternehmen äußerte immer wieder den Wunsch, „karrieremäßig weiter zu wollen". Er war brillant in der Lösung von Problemen, konnte technische Schwierigkeiten nicht nur in ihrer Ursache detailgenau analysieren, sondern auch Lösungen dafür entwickeln – was immer es ihn auch an Anstrengung und Überstunden kostete. Da man den hervorragenden Mann nicht verlieren wollte, beförderte man ihn zum Entwicklungsleiter. Es stellte sich heraus, dass er trotz aller Brillanz und technischer Expertise unfähig war, anderen bei der Lösung von Problemen zu helfen oder seine Lösungsfindungen zu standardisieren oder anderen auch nur zu erklären. Einige Zeit später revidierte man die Entscheidung und fand eine passendere Lösung: Extra für diesen Mitarbeiter wurde die Position eines Chef-Beraters geschaffen, zudem ermöglichte man ihm eine Promotion in Kooperation mit einer Universität, deren Institut für Luft- und Raumfahrt einen hervorragenden Ruf genießt.

Das Beispiel zeigt eine Grenze, die zu hohes Streben nach Komplexität und Tiefe bisweilen im wirtschaftlichen und vor allem im Führungs-Kontext haben kann – nämlich immer dann, wenn andere Menschen nicht mehr folgen können und das wissenschaftliche Interesse größer ist als der Ergebnisbeitrag zur jeweiligen Funktion beziehungsweise Abteilung.

Allerdings führt eine zu geringe Komplexitätsverarbeitung genauso zu Problemen. Menschen, die sich schwer tun, aus einer Fülle von Informationen die innere Logik zu erkennen, werden in vielen, vor allem strategisch ausgerichteten Management-Positionen, früher oder später an ihre Grenzen stoßen. Auch hier schlägt das „Peter-Prinzip" häufiger zu, also das Befördern in die Unfähigkeit. Jemand, der sich als guter Teamleiter erwiesen hat und die Produktionszahlen seiner Sachbearbeiter gut steigern konnte, ist nicht zwangsläufig für die nächste Stufe, das Führen von Führungskräften oder das Führen einer ganzen Organisationseinheit, qualifiziert. Hierzu bedarf es einer höheren strategisch-analytischen Kompetenz, als sie für den Teamleiter vonnöten war.

3.5.2   Die Motivation aus dem Ungelösten

Kennen Sie die Zauberwürfel? Jene bunten Würfel mit verschiedenen Farben, die so lange gedreht und ineinander verschoben werden, bis jede Seite einfarbig geworden ist. Es fordert sehr viel Geduld und Bereitschaft, immer wieder neue Strategien zu entwickeln, um an dieses Ziel zu gelangen. Die meisten Menschen werden den Würfel wahrscheinlich nach kurzer Zeit leicht frustriert oder gleichgültig zur Seite legen. Nur wenige sind so stark für diese Aufgabe motiviert, dass sie nicht aufhören können, bis sie fertig sind und das Rätsel gelöst haben.

Stellen Sie sich vor, in geselliger Runde wird über etwas gesprochen und allen am Tisch fällt ein bestimmtes Wort gerade nicht ein. Viele werden zufrieden sein mit „ihr wisst schon was ich meine ..." oder „ ist ja nicht so wichtig...", nur einige wenige werden nicht locker lassen, bevor sie nicht im Internet gegoogelt und das gesuchte Wort gefunden haben.

Es geht nicht um den Würfel und es geht auch nicht darum, im Internet Worte oder Informationen zu finden. Aber es geht um die eigene innere Motivation, nicht Gelöstes zu lösen. Studien zeigen, dass die durchschnittliche Frustrationstoleranz von erwachsenen Menschen beim Erlernen neuer Fertigkeiten und Aufgaben unter vier Versuchen liegt. Menschen mit einer hohen Ausprägung der Motivation aus dem Ungelösten hören nach dem dritten oder vierten Versuch einfach nicht auf (Goleman 2003). Sie suchen so lange nach der Lösung, bis sie die Situation gemeistert haben.

Für die Eignungsdiagnostik heißt das: Um Ambition und Anstrengungsbereitschaft zu überprüfen, reicht es nicht, den Kandidaten sich selbst einschätzen zu lassen. Es empfiehlt sich vielmehr, den Umgang mit Herausforderungen im Hinblick auf die Ausdauer des Dranbleibens, das Setzen von Leistungsansprüchen, das Durchhaltevermögen und die treibende Motivation (hier: Dingen auf den Grund zu gehen und sie besser zu verstehen oder mit ihnen umzugehen) zu analysieren.

3.5.3   Einfluss nehmen auf soziale Systeme

Wie hoch sind die Bereitschaft und der natürliche Impuls eines Kandidaten, in unterschiedlichen Situationen nicht nur Aufgaben zu erfüllen, sondern Einfluss auf Menschen, Gruppen oder Prozesse auszuüben? Hier spielen eine Reihe von Faktoren eine entscheidende Rolle: Selbstvertrauen („Kann ich führen? Weiß und kann ich genug, um anderen zu sagen, in welche Richtung sie gehen sollen?"), Werte („Ist es nicht eine Anmaßung, anderen zu sagen, wo es lang geht?") und der eigene lebensgeschichtliche Hintergrund (etwa das Verhältnis zu Autoritäten). Unsere Erfahrungen in der Auswahl von Führungskräften, aber auch zahlreiche Untersuchungen legen nahe, dass der Impuls zur Führung etwas ist, das Menschen entweder haben oder nicht. Dabei geht es noch nicht um die Fähigkeit, führen zu können. Unseres Erachtens ist vieles erlernbar – sofern die Potenzialfaktoren stimmen.

Der Impuls zu Führen ist also der erste und wichtigste Indikator: Besteht überhaupt das Bedürfnis, anderen unter Umständen Richtungen vorzugeben? Ebenfalls relevant ist, wie realistisch die Wirkung der eigenen Interventionen eingeschätzt werden kann und inwieweit der Betreffende in der Lage ist, situationsangemessene Entscheidungen zu treffen – vor allem abhängig von der Einschätzung der möglichen Wirkung.

3.5.4   Die Fähigkeit, aus Erfahrung zu lernen

Das Zitat von Aldous Huxley: „Erfahrung ist nicht, was einem Menschen geschieht, sondern das, was er daraus macht", hat seine Berechtigung. Es beschreibt, warum die Art und Weise, wie ein Mensch lernt beziehungsweise sich entwickelt, nicht allein von seinen Erfahrungen beziehungsweise von äußeren Faktoren bestimmt wird. Gerne wird etwa interkulturelle Kompetenz in Potenzial- oder Auswahlsituationen daran gemessen, ob sich jemand für einen bestimmten Zeitraum im Ausland aufgehalten hat. In der Praxis konnte sich dieser Umstand allein nicht als verlässlicher Prognose-Faktor beweisen für die Fähigkeit, in interkulturell gemischten Teams zu arbeiten. Weit bessere Prognoseaussagen zu diesem Thema erhalten Sie durch die Analyse von Situationen im Rahmen der Auslandserfahrung (etwa erlebte Konflikte und die genannten Eigenanteile zur Klärung von Erwartungen, oder das individuelle Verhaltensrepertoire im Ansprechen und Klären von Missverständnissen). Auffällig ist in jedem Fall, dass sich erfolgreiche Menschen mit Potenzial selbst immer wieder Situationen schaffen, in denen sie lernen und wachsen können.

Nicht wenige Menschen ziehen aus Misserfolgen die Konsequenz: „Nie wieder!" oder: „Hoffentlich nicht noch mal". Oder sie finden Gründe in ihrem äußeren Umfeld, warum es nicht so gut gelaufen ist. Ob jemand die Ursachen für Erfolg oder Misserfolg sich selbst oder äußeren Umständen zuschreibt (Attributions-Neigung), hat nennenswerten Einfluss auf seine Lerngeschwindigkeit und Lernerfolge. Menschen, die Misserfolge extern, also durch äußere Umstände bedingt, erklären, weisen im Vergleich eine geringere Anstrengungsbereitschaft in Konflikt-, Veränderungs- oder Lernsituationen auf. Anders Menschen, die Misserfolge intern erklären, sie also den eigenen Stärken und Entscheidungen zuschreiben: Sie arbeiten intensiver daran, ihr individuelles Verhaltensrepertoire in bestimmten Situationen zu erweitern oder zu verbessern, und weisen daher mit der Zeit erweiterte Lösungskompetenzen und ein erweitertes Verhaltensrepertoire auf. Dadurch entwickeln sie gleichzeitig ein höheres Maß an Selbstvertrauen darauf, dass sie in verschiedenen Konflikt-, Veränderungs- und Lernsituationen auch Kontrolle oder Einfluss auf den Ausgang der Situation haben werden. Potenzialstarke Menschen suchen immer die nächste herausfordernde Situation, um besser zu werden.

„Talent wird häufig überbewertet" (Geoff Colvin, 2008). Zahlreiche Analysen zeigen vielmehr, dass Leistungs- und Potenzialstärke in den meisten Fällen das Ergebnis von „Übungsstärke" sowie der damit verbundenen Merkmale wie Lerndisziplin, der Bereitschaft und Fähigkeit, aus Fehlern und Misserfolgen zu lernen, sich immer wieder neuen (Lern-) Situationen zu stellen und der intrinsischen Motivation, etwas besser können zu wollen. Dabei werden Menschen, die sich früh in bestimmten Aufgaben üben konnten und dabei positive Erfahrungen machen durften, mit hoher Wahrscheinlichkeit über mehr Sicherheit und Vertrauen und damit auch über ein situationsangemessenes Verhaltensrepertoire verfügen.

3.5.5   Erfolgs- und Misserfolgsfaktoren für Führungskräfte

Wir haben bereits dargelegt, wie groß der Einfluss des spezifischen Unternehmenskontextes, der Branche und nicht zuletzt die Funktion innerhalb eines Unternehmens ist, und dass daher nicht alle Vertriebsleiter, Controller, Personaler oder Logistiker „in einen Topf geworfen" werden können. Das Gleiche gilt natürlich auch für die Gruppe der Führungskräfte. Dennoch zeigen sich innerhalb der jeweiligen Berufsgruppen auch gemeinsame Tendenzen.

Zu den wichtigsten Erfolgsfaktoren beim Führen zählt die Fähigkeit, Zukunft zu gestalten. Sie beinhaltet das Entwickeln und Kommunizieren von Zielbildern, die allen Beteiligten klar sagen: „In diese Richtung bewegen wir uns". Dazu gehören natürlich auch die Umsetzung dieser Zielbilder und das Erreichen der gesetzten Ziele. All das gelingt in der Regel nur dann, wenn Mitarbeiter zu ihren Möglichkeiten geführt werden, indem sie kontinuierliches Feedback auf ihre Leistungen und Entwicklungen erhalten, und wenn in ihre Entwicklung investiert wird. Neben der Sicherung der operativen Ergebnisse in der Gegenwart müssen sich Führungskräfte auch personell und bezogen auf Team- und Organisationsstrukturen aufstellen. Dazu gehört neben der Fähigkeit, in leistungs- und veränderungsbereite Mitarbeiter zu investieren, auch die Fähigkeit, sich von loyalen, aber veränderungsresistenten, minderleistenden Mitarbeitern trennen zu können. Und schließlich die Fähigkeit, sich selbst weiterzuentwickeln (Ulrich 2011, Wildenmann 2009).

In Anlehnung an die Studien von Wildenmann (2011), Ulrich (2008) u. a. werden im Folgenden vier Misserfolgsfaktoren beschrieben:

■ **Mängel im Führungsverhalten**
   Darunter wird unter anderem die Blockierung des eigenen Lernens, die Unfähigkeit ein Team zu führen beziehungsweise zu entwickeln, Stellen effektiv zu besetzen und die Abhängigkeit von einer bestimmten Stärke sowie zu wenig Eigenständigkeit verstanden.

■ **Probleme mit zwischenmenschlichen Beziehungen**
   Die wichtigsten Stichpunkte sind übertriebener Ehrgeiz, überdurchschnittliche Arroganz, enttäuschtes Vertrauen, Unsensibilität gegenüber anderen sowie übertriebene Kontrolle.

■ **Unfähigkeit zur Anpassung**
   Hier haben sich vor allem die Unfähigkeit zur Anpassung an veränderte Umstände und Rahmenbedingungen, Mangel an Selbstbeherrschung und politische Fehltritte als kritisch herauskristallisiert.

■ Und schließlich hat sich die Dimension **mangelndes Zeit- und Organisationsmanagement** als erfolgskritisch erwiesen.

Dank der Kenntnis der Erfolgs- wie auch der Misserfolgsfaktoren können Sie Ihre Anforderungen nun nicht nur schärfen, sondern auch die Selbsteinschätzung der Kandidaten zielführender hinterfragen. Vielleicht sind nicht alle genannten Faktoren für Ihre Organisation relevant. In unseren Qualifizierungen erleben wir allerdings häufiger, dass es hier oft

„blinde Flecken" in der Organisation gibt. So haben wir für Organisationen gearbeitet, die den Aspekt von Zeit- und Organisationsmanagement – obwohl er in den Kernkompetenzen und Job-Spezifikationen festgehalten wurde – grundsätzlich nicht abgefragt haben. Dafür wurde den Fähigkeiten „positiv kommunizieren" und „veränderungsbereit" sowie „ambitioniert sein" so viel Gewicht eingeräumt, dass man Kandidaten mit einer hohen Ausprägung in diesen Faktoren automatisch unterstellte, sie könnten Menschen für sich und ihre Ziele gewinnen. Das hat sich aber nur zum Teil bewahrheitet.

Die Systematik der Potenzialfaktoren bietet eine gute Möglichkeit, über die individuellen und impliziten Annahmen (wenn so …, dann auch so …) hinauszugehen und bei der Vertiefung einzelner Themenkomplexe die Fragen stärker auf die Analyse der erfolgsrelevanten Fähigkeiten zu fokussieren.

3.6   Motive und Interessen: Keine Handlung ohne Motiv

Um Verhalten vorherzusagen, müssen die Motive verstanden werden, die einen Menschen antreiben. Das Reiss-Motiv-Profil von Professor Steven Reiss bietet eine Übersicht von insgesamt 16 Lebensmotiven, die den Antrieb für menschliches Handeln beschreiben. Die Motive sind intrinsische Faktoren, das heißt, es sind die Gründe, aus denen Menschen etwas um der Sache selbst willen tun, etwa weil es ihnen einfach Spaß macht, weil es ihre Interessen befriedigt oder weil es eine Herausforderung für sie darstellt. Es gibt keine Hierarchie innerhalb der Reiss-Motive, kein Antriebsfaktor ist also besser oder schlechter als ein anderer. Nicht alle 16 Motive sind direkt für die berufliche Eignung relevant, das muss stark abhängig vom Unternehmens- und Job-Kontext betrachtet werden.

Grundsätzlich gilt, dass stark ausgeprägte Motivneigungen Menschen dazu mobilisieren, für bestimmte Themen oder Situationen mehr Energie, Belastbarkeit, Disziplin und Lernfähigkeit aufzubringen als für Themen, die im Hinblick auf ihre Motivausprägungen nicht bedeutsam sind. Menschen werden also mit höherer Wahrscheinlichkeit erfolgreich sein, wenn die Anforderungen der zu erledigenden Aufgabe zu ihrem Kompetenzprofil UND zu ihrem Motivprofil passen.

Aufgaben, die strategisches und sachorientiertes Denken erfordern, klare Ziele und Freiräume für eigene Ideen und Entscheidungen und darüber hinaus schnelle und konkrete Erfolgsrückmeldungen bieten, werden einen Mitarbeiter mit überdurchschnittlich hohem Leistungsmotiv maximal ansprechen. Der gleiche Mitarbeiter wird jedoch in einer Aufgabe, die ihm wenig Freiraum lässt, Anpassung an Vorgaben fordert und wenig Erfolgsrückmeldung bietet, wahrscheinlich unter seinen Möglichkeiten bleiben. Aufgaben, die ein freundlich zugewandtes Team- und Serviceverhalten erfordern, bieten den idealen Nährboden für beziehungsorientierte Mitarbeiter. Und machtmotivierte Menschen werden sich dann für eine Aufgabe richtig begeistern, wenn diese die Möglichkeit bietet, Einfluss auszuüben und Unabhängigkeit zu erlangen.

Ohne hier zu schlichte Schubladen aufmachen zu wollen: Es ist hilfreich sich anzusehen, welche Motivausprägungen in welcher Dominanz bei Kandidaten vorliegen und inwieweit das auch dem „Befriedigungspotenzial" der Stelle entspricht. Von einem sehr serviceorientierten Mitarbeiter, der andere gerne glücklich macht, sollten wir nicht zu viel Konfliktfähigkeit erwarten. Ist diese Fähigkeit im Anforderungsprofil definiert, müssen wir die Soll-Ist-Diskrepanzen ansprechen und nachhaken, wie der Kandidat Spannungen aushält und wie er Lösungen erwirkt.

Überblick: Die beruflich relevanten Lebensmotive nach Professor Steven Reiss

Wir beschränken uns hier auf 13 der 16 Motive, da wir die restlichen drei (Eros, Familie und Essen) im betrieblichen Kontext nicht nutzen.

Macht oder Mitarbeiten (Einfluss, Erfolg, Leistung, Führung)

Menschen mit einem stark ausgeprägten Machtmotiv üben gerne Autorität aus und geben anderen Anweisungen. Sie übernehmen gerne die Verantwortung und übernehmen häufig Führungsaufgaben. Sie sind ehrgeizig, arbeiten hart und streben nach Leistung und Kompetenz. Menschen mit einem unterdurchschnittlich ausgeprägten Machtmotiv hingegen wollen andere nicht gerne beeinflussen, geben selten Ratschläge und Anweisungen und handeln eher personen- als leistungsorientiert. (Wichtig im Hinblick auf die Anforderungen Leistungsbereitschaft und Führung)

Teamorientierung oder Unabhängigkeit (Freiheit, Selbstgenügsamkeit)

Menschen mit hohem Teamwert finden es angenehm und beruhigend zu wissen, dass sie sich auf andere verlassen können. Sie suchen die gegenseitige (interdependente) Abhängigkeit und arbeiten sehr gerne im Team. Ein stark ausgeprägter Wunsch nach Unabhängigkeit führt dagegen dazu, ungern Unterstützung durch andere einzufordern und noch weniger Hilfe anzunehmen. Menschen mit einem hohen Unabhängigkeitswert schätzen ihre Autonomie und lösen Probleme gern alleine. (Wichtig im Hinblick auf die Anforderung Team- und interkulturelle Kompetenz)

Neugier oder Pragmatismus (Wissen, Wahrheit)

Menschen mit einem hohen Neugierwert interessieren sich sehr stark für intellektuelle, kognitive oder geistige Fragen, viele von ihnen mögen Hobbys wie Reisen, Lesen, Schach oder Bridge. Sie sind äußerst wissbegierig und wollen die Dinge und deren Zusammenhänge verstehen. Menschen mit einem besonders niedrigen Neugierwert haben eine Abneigung gegen intellektuelle Betätigungen jeglicher Art, sie arbeiten lieber an konkreten Problemen und deren Lösung als an philosophischen Fragen. (Wichtig im Hinblick auf den Anteil an strategischen, entwickelnden Kompetenzen versus operativer Ergebnissicherung)

Anerkennung oder Selbstwert (soziale Akzeptanz, Zugehörigkeit)

Menschen mit einem hohen Anerkennungswert sind empfindlich gegenüber Kritik, Zurückweisung oder dem eigenen Versagen. Von anderen anerkannt und geschätzt zu werden ist ihnen sehr wichtig. Konflikte werden, wenn möglich, vermieden. Menschen, die hier einen niedrigen Wert aufweisen, sind selbstbewusst und behaupten sich gerne. Sie bringen ihren Ärger und Zorn zum Ausdruck, wenn es der Situation entspricht. Mit Kritik gehen diese Menschen konstruktiv und sachlich um, auch mit Beurteilungssituationen kommen sie gut zurecht. (Wichtig im Hinblick auf die Anforderung Veränderungsfähigkeit und Führung)

Ordnung und Struktur oder Flexibilität (Stabilität, Klarheit, Organisation)

Menschen, die einen hohen Ordnungswert aufweisen, organisieren gerne und achten sehr auf Details. Am wohlsten fühlen sie sich in einem stabilen, berechenbaren Umfeld. Menschen mit einem niedrigen Ordnungswert schätzen ihre Flexibilität und haben eine Abneigung gegen das Organisieren und Planen. Sie sind offen und tolerant gegenüber ungewissen und vieldeutigen Situationen. (Wichtig im Hinblick auf die Kompetenz Planung und Selbstorganisation)

Sparen oder Großzügigkeit (Anhäufung materieller Güter, Eigentum)

Menschen, die einen hohen Wert beim Motiv Sparen haben, sind häufig genügsame Menschen und sammeln gerne. Oft fällt es ihnen auch schwer, sich von Dingen zu trennen. Menschen, die hier einen sehr niedrigen Wert aufweisen, trennen sich leicht von Dingen und sind meist großzügig. (Wichtig bezogen auf das Befriedigungspotenzial einer Aufgabe im Hinblick auf das Motiv, Geld zu verdienen)

Ziel- und Zweckorientierung oder Ehre (Loyalität, moralische Integrität)

Menschen, deren Ehremotiv sehr hoch ausgeprägt ist, finden es sehr wichtig, ihrem Verhaltenskodex gemäß moralisch zu handeln. Sie sind sensibel für Fragen von Anstand, Charakter, Moral und Prinzipien. Menschen mit einem niedrigen Wert beim Ehremotiv handeln zweckrational und pragmatisch. Für selbstgerechtes Verhalten haben sie meist kein Verständnis. (Wichtig im Hinblick auf die Anforderung Führung und Teamkompetenz)

Idealismus oder Realismus (soziale Gerechtigkeit, Fairness)

Menschen mit hohem Idealismuswert sind sensibel für soziale und politische Fragen. Sie engagieren sich politisch, karitativ oder sozial. Aus der Welt einen besseren Ort zu machen, ist für sie ein zentrales Anliegen. Menschen, die hier einen besonders niedrigen Wert haben, sind Realisten. Sie versuchen nicht aktiv, in soziale oder humanitäre Bereiche involviert zu werden. (Wichtig im Hinblick auf das Befriedigungspotenzial einer Stelle)

Beziehungen oder soziale Zurückgezogenheit (Freundschaft, Freude, Humor)

Menschen, die ein hohes Beziehungsmotiv aufweisen, lieben Geselligkeit, knüpfen gerne Kontakte und schließen leicht Freundschaften. Menschen mit niedrigem Wert in diesem Bereich leben lieber zurückgezogen und fangen selten ein Gespräch an. Sie haben einige enge Freunde, sind aber nicht bestrebt, ständig neue Freundschaften zu schließen. (Wichtig im Hinblick auf die Anforderung an Führung, Kundenorientierung und Teamkompetenz)

Status oder Genügsamkeit (Prestige, Reichtum, Titel, öffentliche Aufmerksamkeit)

Menschen mit einem hohen Statusmotiv fühlen sich zu allem hingezogen, was mit Prestige im weitesten Sinne zu tun hat: Reichtum, Titel, Ruhm, Prominenz, gesellschaftliche Stellung und so weiter. Ihr Ruf ist diesen Menschen sehr wichtig. Menschen mit niedrig ausgeprägtem Statusmotiv sind durch Reichtum und Ruhm nicht leicht zu beeindrucken. Sie achten meist nicht darauf, welche Stellung andere Menschen im Leben bekleiden. (Wichtig im Hinblick auf das Befriedigungspotenzial einer Stelle)

Wettbewerb oder Kooperation (Aggression, Konkurrenz, Kampf, Vergeltung, Vergleich)

Menschen mit einem hoch ausgeprägten Wettbewerbsmotiv haben ein starkes Bedürfnis, sich im Wettbewerb durchzusetzen. Streit oder Konflikten gehen sie nicht aus dem Weg, sie mögen geschäftlichen, beruflichen oder auch sportlichen Wettkampf. Menschen, die in dieser Dimension einen niedrigen Wert aufweisen, streiten sich ungern und gehen Konflikten lieber aus dem Weg. Es widerstrebt ihnen, mit anderen im Wettstreit zu stehen – das Prinzip Kooperation liegt ihnen mehr. (Wichtig im Hinblick auf die Anforderung Teamkompetenz und Leistungsbereitschaft im Wettbewerbskontext, z.B. Vertrieb)

Körperliche Aktivität oder Geruhsamkeit

Menschen mit einem hohen Wert in diesem Bereich betätigen sich gerne körperlich und müssen sich „spüren". Sie legen großen Wert auf Fitness, Kondition und Vitalität. Menschen mit niedrigem Wert ziehen einen geruhsamen Lebensstil vor und finden ihre Erfüllung nicht in körperlicher Betätigung. (Wichtig im Hinblick auf das Befriedigungspotenzial der Stelle: Bewegungsradius des Arbeitsplatzes, bieten die Arbeitszeiten Raum für die kontinuierliche Ausübung von Sport?)

Ruhe oder Unternehmung und Abenteuer (Entspannung, emotionale Sicherheit)

Menschen, die einen hohen Ruhewert aufweisen, machen sich viele Sorgen, empfinden das Leben als stressig und anstrengend. Menschen mit niedrigem Ruhewert sind unternehmungs- und abenteuerlustig, gehen gern Risiken ein und scheuen auch Gefahren nicht. Sie sind mutig und unerschrocken. (Wichtig im Hinblick auf die Anforderung Veränderungsbereitschaft, Leistungsfähigkeit und Belastbarkeit)

Quelle: in Anlehnung an Fuchs 2002

Für die Eignungsdiagnostik relevant sind diejenigen Ausprägungen, die in Relation zu den Anforderungen des Unternehmens stehen. Strebt ein Unternehmen die Marktführerschaft an, sollte es darauf achten, möglichst viele Multiplikatoren einzustellen, die mit ihren persönlichen Motiv- und Wertesystemen grundsätzlich gut zu den Themen Leistungsmotivation (Power) und Wettbewerb passen. Solche Mitarbeiter werden die teils überdurchschnittlichen Leistungserwartungen, die geforderte Transparenz über Leistungen und die Verschiebungen der persönlichen Work-Life-Balance entsprechend akzeptieren und befürworten oder zumindest tragen können. In gemeinnützigen Unternehmungen dagegen ist eine überdurchschnittlich hoch ausgeprägte idealistische Grundhaltung wichtiger, um mit möglichen Anforderungen oder gar „Schattenseiten" der Organisationen besser umgehen zu können.

Für die Spezifizierung der Stellen-Anforderungen und im Besonderen für die Besetzung von Führungspositionen beschränken wir uns hier auf eine Unterscheidung der Motive Macht, Leistungsstreben/Perfektion und Beziehungen (nach Krug, Kuhl 2006). Wir haben bereits unter den Persönlichkeitsmerkmalen, Erfolgs- und Misserfolgsfaktoren für Führungskräfte darauf hingewiesen, dass ein gewisses Maß an Extroversion hilfreich ist.

Auf der Motivseite bedeutet das sich anzuschauen, wie beziehungsorientiert ein Mensch ist. Ein Kandidat beispielsweise, dessen relativ höchste Ausprägung in der Beziehungsorientierung liegt, während seine Macht- und Leistungsmotivation maximal durchschnittlich sind, wird unabhängig von seinen theoretischen Leistungsmöglichkeiten langfristig am glücklichsten in einem Job mit hohem Serviceauftrag und geringem Führungsanspruch sein. Menschen, die leicht überdurchschnittlich leistungs-, macht- und beziehungsorientiert sind, bringen eine gute Basis für die Entwicklung von Führungskompetenzen mit (siehe Abb. 22). Wogegen Menschen mit hohem Leistungs-, geringem Beziehungs- und nur durchschnittlichem Machtmotiv wahrscheinlich bei der Ausführung von Sanierungsaufgaben wesentlich erfolgreicher sein werden als bei der Führung eines ambitionierten und kompetenten Vertriebsteams (siehe Abb. 23).

Abbildung 22   Manager

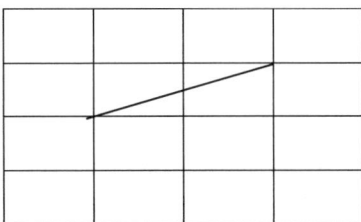

Leistung – Beziehungen – Macht

Abbildung 23   Sanierer

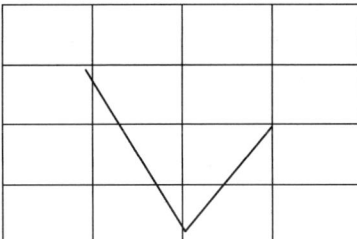

Leistung – Beziehungen – Macht

Der Abgleich zwischen den Motiven einer Person und dem Befriedigungspotenzial eines Unternehmens sowie des konkreten Jobs ist einer der entscheidenden Vorhersagefaktoren im Hinblick auf beruflichen Erfolg.

3.7   Zusammenhänge der Eignungsdimensionen

Die Persönlichkeitsdimensionen und Motive sagen aus, wie weit sich ein Kandidat entwickeln kann und wo seine Grenzen liegen. Unserer Meinung nach ist ihre Trennung von den Kompetenzen eher künstlich. Oft werden die Persönlichkeitsdimensionen auch den Kompetenzen zugerechnet (Was kann jemand?) und die Motive eher der Frage des Wollens (Was will jemand?). Diese Fragen sollten auf jeden Fall getrennt betrachtet werden, denn nicht alle, die könnten, wollen auch – und umgekehrt.

Neben den fachlichen Anforderungen sind es vor allem die überfachlichen Anforderungen, die die wichtigsten Hinweise darauf geben, ob der Kandidat in unserer Organisation und in der vorgesehenen Position erfolgreich wird. Diese überfachlichen Anforderungen sind als Kernkompetenzen zu konkretisieren, die Sie mit Blick auf die Anforderungen des Jobs detailliert definieren. Damit Ihre Auswahl ein Erfolg wird, müssen Sie die hinter den Kompetenzen liegenden individuellen Motive, Persönlichkeitsmerkmale und Potenzialfaktoren der Kandidaten erfassen. Das sind keine zusätzlichen Anforderungen, sondern zugeordnete Dimensionen. Zur Veranschaulichung zeigen wir beispielhaft, was etwa für die Überprüfung folgender Anforderungen wesentlich ist:

- **Zielorientierung** prüfen Sie am besten, indem Sie das zugehörige Persönlichkeitsmerkmal Gewissenhaftigkeit (mit den für den Job relevanten Ausprägungen zu den Unterdimensionen Perfektion, Ambition und Organisation) sowie das zugehörige Motiv Leistung beziehungsweise Macht erfassen.

- **Teamfähigkeit** prüfen Sie, indem Sie Ausprägungen bezüglich der Persönlichkeitsdimension Umgänglichkeit (mit den für den Job relevanten Unterausprägungen wie z.B. Konfliktfähigkeit, Takt, Orientierung an den Bedürfnissen der anderen) und das Motiv Beziehung erfragen.

- **Führung** können Sie über Ausprägungen bezüglich Extroversion (vor allem Kontaktfreude und Führungsimpuls), Umgänglichkeit (vor allem balanciertes Umgehen mit unterschiedlichen Interessen, Konfliktfähigkeit) und Gewissenhaftigkeit (Perfektion, Organisation und Ambition) sowie über die Motive Macht, Leistung und Beziehung in ihren Ausprägungen erfassen.

- **Analytisch-strategische Kompetenz** lässt sich über die Ausprägungen von Offenheit für neue Erfahrungen (vor allem Komplexitätsverarbeitung und Einfallsreichtum) sowie das Motiv Neugierde einschätzen.

Das heißt auch, es bleibt dabei, sich auf vier bis sieben überfachliche Anforderungen zu konzentrieren. Lediglich die Richtung des Nachfragens wird durch die Motive und Persönlichkeitsdimensionen bestimmt. Denn Sie wissen durch die Anforderungsanalyse, welche Ausprägungen für welchen Job benötigt werden, damit Sie auch in sich verändernden Kontexten und Bedingungen eine Erfolgsprognose abgeben können.

Fazit

■ Die Güte der Personalauswahl hängt zentral von der Güte der Anforderungsanalyse ab.

■ Anforderungsanalysen beinhalten sowohl Anforderungen an den Job als auch daraus abgeleitete Anforderungen an die Person.

■ Die Anforderungsanalyse liefert das Grundgerüst an Kompetenzen und Fähigkeiten, die der Kandidat mitbringen muss, um zur Organisation und zum Job zu passen.

■ Persönlichkeitsmerkmale und Motive geben Hinweise auf stabile, situationsunabhängige Stärken und Entwicklungsfelder. Erst sie ermöglichen eine gültige Einschätzung der Wahrscheinlichkeit auf Erfolg in der zu besetzenden Stelle.

■ Die Anforderungsanalyse legt den Fokus der Fragen fest und definiert per Muss-Kann-Kriterien die Zahlen, Daten und Fakten, die überprüft werden müssen. Zudem liefert sie die Inhalte für zu erfragende Beispiele und bildet die Grundlage für die Auswertung nach dem Interview. Wie das konkret aussehen kann, erfahren Sie im folgenden Kapitel.

4 Struktur und Ablauf: Was Sie wie mit welchem Fokus fragen, um zu sehen, ob der Kandidat passt

Sucht man heute im Internet nach Büchern, die Tipps für das erfolgreiche Verhalten im Vorstellungsgespräch geben, erzielt man über 3.000 Treffer. Dort lernt man, wie man „Absichten erkennt", „Stolpersteine meidet" und „Pluspunkte sammelt". Wir haben den Eindruck, dass viele Kandidaten auf diese Bücher vertrauen und sie zur Vorbereitung ihrer Gespräche nutzen. Das führt zum einen dazu, dass sie mitunter besser vorbereitet zum Vorstellungsgespräch erscheinen als ihre Interviewer. Zum anderen hat es aber auch zur Folge, dass sie manchmal nicht ihre Individualität herausstellen, die sie von anderen Kandidaten abheben könnte, sondern sich möglichst lehrbuchgerecht präsentieren, um kein Risiko einzugehen – ohne weiteres Nachfragen werden sie auf diese Weise beinahe austauschbar.

Nehmen wir die klassische Interviewfrage nach den Entwicklungsfeldern. In unseren Gesprächen beantworten ungefähr 95 Prozent der Kandidaten diese Frage mit dem Allgemeinplatz „Ungeduld". Damit sind vielleicht ein paar ungeübte Interviewer zufrieden, die Geübten werden im besten Fall schmunzeln, im schlechtesten Fall genervt sein. Ein Grund mehr, die Interviewführung kritisch zu betrachten. Grundsätzlich gilt: Je mehr Standardfragen Sie stellen, desto mehr Standardantworten werden Sie erhalten. Wenn Sie sich mit der ersten Antwort zufrieden geben, kommt es zum oberflächlichen Frage-Antwort-Ping-Pong – ohne aussagekräftige diagnostische Erkenntnisse.

Die folgenden Ausführungen sollen Ihnen konkrete Anleitungen für die Durchführung von Interviews geben und deutlich machen, was für zielsichere Einstellungsentscheidungen zu beachten ist. Dazu ist es auch von großer Bedeutung, dass alle Kandidaten einen professionellen Eindruck vom Unternehmen und seinen Vertretern erhalten. Denn es geht Ihnen doch darum, die Besten zu sich an Bord zu holen.

4.1   Vorbereitung: Wer – wann – wo – wie lange?

Manchmal sind Einstellungsinterviews recht spontane Angelegenheiten:

Aus der Praxis

Empfang: „Der Bewerber wäre jetzt da!"

Interviewer: „Ist eigentlich der Besprechungsraum reserviert?" (Hoffentlich kommt Herr Schulze, die Führungskraft, rechtzeitig ... wo habe ich noch die Unterlagen? ... den Kandidaten abgeholt und zum Raum geführt ... wunderbar, der ist frei ... aber da stehen ja noch die Getränke vom letzten Meeting herum, und die Luft ist total verbraucht ...) „Nehmen Sie doch schon mal Platz." (Schulze ist auch noch nicht da ... dann fange ich halt schon mal mit Small Talk an.)

Das klingt nach Business-Kabarett, ist aber häufiger Alltag in Bewerbungsprozessen. Schade eigentlich, denn zu diesem Zeitpunkt prägen Sie bereits den Eindruck, den der Kandidat von Ihnen bekommt, und die Atmosphäre des folgenden Interviews. Mithilfe der folgenden Hinweise steigen Sie wesentlich erfolgversprechender in das Gespräch ein.

4.1.1   Ort

Ein Bewerbungsgespräch ist ein Gespräch, bei dem in sehr kurzer Zeit sehr viel passiert, mit möglicherweise sehr weit reichenden Konsequenzen – für alle Beteiligten. Deshalb müssen Bedingungen geschaffen werden, die eine ruhige und konzentrierte Atmosphäre ermöglichen. Das Besprechungszimmer sollte also zu Beginn des Interviews aufgeräumt und vorbereitet sein, Getränke sollten bereitstehen und alle Teilnehmer pünktlich eintreffen.

4.1.2   Dauer

Die durchschnittliche Richtgröße für ein erstes Interview liegt zwischen 60 und 90 Minuten, je nach ausgeschriebener Stelle. Eine kürzere Gesprächsdauer ist nicht professionell, nach einer halben Stunde lässt sich einfach keine fundierte Entscheidung fällen. Jeder Kandidat, der dann bereits wieder zur Tür hinaus begleitet wird, weiß genau, was das bedeutet. Zudem muss er es persönlich nehmen, da der „erste Eindruck" – und viel mehr erfolgte ja bis dahin nicht – offenbar nicht gereicht hat.

Zusätzlich empfehlen wir, mindestens 10 Minuten für die Vorbereitung auf das Gespräch einzuplanen, um sich nochmals in die Unterlagen einzulesen, das Anforderungsprofil zu rekapitulieren, Fragen zurechtzulegen und sich mit der Führungskraft aus dem Fachbereich abzustimmen. Planen Sie außerdem mindestens 10 Minuten nach Abschluss des Interviews für die Nachbereitung ein, um die Eindrücke zu sammeln und eine Entscheidung zu fällen.

Häufig wird der Fehler gemacht, viele Kandidaten in sehr kurzer Zeit anzusehen. Diese Praxis wird damit begründet, dass ein Kurz-Interview für den ersten Eindruck ausreiche und man später mit den interessanten Aspiranten ein ausführliches zweites Gespräch führen werde. Dagegen spricht einiges: Zum einen ist es keineswegs sicher, ob der erste Eindruck der richtige ist. Zumindest werden bei dieser Methode solche Kandidaten bevorzugt, die es verstehen, rasch Kontakt herzustellen und jemanden für sich einzunehmen. Das ist zwar eine wichtige Eigenschaft, aber nicht die alles entscheidende. Ebenso wichtig sind Ausdauer, Zuverlässigkeit oder Leistungsmotivation. Der „Kandidat für den zweiten Blick", der erst im Laufe eines längeren Gesprächs gewinnt und sich später hervorragend entwickeln kann, wird bei diesem Vorgehen oft übersehen. Denken Sie an Ihre besten Mitarbeiter: Waren Sie von ihnen als Kandidaten im Einstellungsprozess gleich auf den ersten Blick begeistert? Wahrscheinlich sind unter Ihren Topleuten auch „Spätzünder" – und bestimmt ist es auch Ihnen schon passiert, dass ein Kandidat Sie zunächst sehr beeindruckte, dann aber unversehens abfiel – und umgekehrt. Bei zu kurzen Gesprächen besteht das Risiko, dass einseitige Schnellstarter bevorzugt werden.

Ein weiteres Argument gegen zu kurze Erstkontakte ist der Informationswunsch erstklassiger Kandidaten: Gerade die so genannten High Potentials kommen häufig mit einem ganzen Katalog von Fragen zu einem Interview. Beenden Sie das Gespräch zu früh, sind diese Bewerber möglicherweise enttäuscht und für Ihr Unternehmen verloren.

Zu lang sollte ein Interview aber auch nicht dauern. Wir empfehlen daher, die erste Kandidatenvorstellung auf 60 bis 90 Minuten zu beschränken und nicht auf zwei oder mehr Stunden auszudehnen. Das ist unökonomisch, denn ab einer gewissen Zeit ist der Informationsgewinn unterproportional. Werden die Interviews im genannten Zeitrahmen geführt, kann die nötige Konzentration auf beiden Seiten gehalten werden und die ausgetauschten Informationen lassen sich noch effektiv auswerten.

4.1.3   Teilnehmer

Am besten bewährt hat sich das Tandem-Gespräch, in dem sich zwei Interviewer und ein Kandidat gegenübersitzen. Bei den Interviewern sollte es sich um einen Recruiter und die verantwortliche Führungskraft aus dem Fachbereich handeln. Vier Augen sehen mehr als zwei, und eine Rollenteilung während des Gesprächs wird möglich: Der eine stellt Fragen und diskutiert mit dem Kandidaten, der andere beobachtet. Beide machen sich Notizen. Diese Rollen lassen sich auch mehrmals wechseln, sowohl während des Interviews als auch von Kandidat zu Kandidat. Vor allem der Beobachtende profitiert von diesem Vorgehen, da er sich ganz auf seine Wahrnehmungen und Empfindungen konzentrieren kann. Ein weiterer Vorteil: Im Anschluss an das Interview gibt es einen Partner, mit dem man die eigenen Eindrücke besprechen und abgleichen kann. Vieles von dem, was man intuitiv aufnimmt, bekommt erst konkrete Gestalt, wenn man darüber spricht.

An der Einstellung eines neuen Mitarbeiters muss derjenige beteiligt sein, der ihn später einarbeiten und mit ihm zusammenarbeiten wird – in aller Regel der zukünftige Vorgesetzte. Er muss vom neuen Mitarbeiter überzeugt sein, um die Voraussetzungen für den späteren Erfolg zu schaffen. Das Prinzip der „sich selbst erfüllenden Prophezeihung" gilt auch hier: Wird ein Kandidat eingestellt, von dem der direkte Vorgesetzte nicht überzeugt ist, findet Letzterer wahrscheinlich bereits in der Einarbeitungsphase Gründe, warum der neue Mitarbeiter nicht der Richtige ist.

Idealerweise teilen Sie die Rollen und Verantwortlichkeiten der Personaler und Führungskräfte für das Interview gemäß ihren Expertisen auf: Personaler führen qualitativ durch die standardisierte Struktur der Interviews, konzentrieren sich auf die vollständige Erhebung der Muss- und Kann-Kriterien und erfassen Kernkompetenzen, die im Anforderungsprofil festgehalten sind. Darüber hinaus kümmern sie sich um die Einschätzung des Potenzials, das der Kandidat für die Organisation mitbringt. Die Führungskraft konzentriert sich dann auf die Kompetenzen im Hinblick auf die Job- und Team-Passung. Sie stellt Handlungsfragen zu erfolgskritischen Situationen und analysiert Zahlen, Daten und Fakten, um zu erfassen, wie erfolgreich der Kandidat in seiner vorherigen Tätigkeit war.

Bei der Besetzung einer Vertriebsaufgabe würde die Führungskraft beispielsweise konkrete Fragen zur Produktpalette im jetzigen Job stellen, zu der Produktprofitabilität, zu den Zielen und der Zielerreichung der letzten Jahre, zu den Erfolgsquoten im Vergleich zu anderen Kollegen in vergleichbaren Aufgaben, zu den größten Veränderungen im Kundenverhalten und wie der Kandidat darauf eingegangen ist.

Bei der Einstellung eines Schicht-Teamleiters könnte die Führungskraft beispielsweise prüfen, wie der Kandidat bei Lieferverzögerungen vorgegangen ist, wie er das Einhalten besonders anspruchsvoller Lieferzeiten gewährleistet hat, was er bei Qualitätsproblemen unternommen hat, mit welchen Maschinen, Werkzeugen, Anforderungen und Standards er Erfahrung hat, wie seine Zusammenarbeit mit den Ingenieuren aussah und was er unternommen hat, wenn bei Mitarbeitern hohe Fehlzeiten anfielen oder es zu Arbeitsunfällen kam.

Nicht ratsam ist es, bei einem Erstgespräch mehr als drei Interviewer einzusetzen, um keine ungewollte Stresssituation zu erzeugen.

4.2   Worauf während des Interviews noch zu achten ist: Atmosphäre, Anteile und Mitschrift

4.2.1   Gesprächsführung

Wer fragt, der führt. Deshalb sind Sie der Chef im Interview. Sie haben Ihre Struktur, Ihre Fragen und wollen am Ende vier bis fünf Stärken und ebenso viele Entwicklungsfelder des Kandidaten benennen können, die für die freie Stelle relevant sind. Natürlich gehen Sie auf die Fragen Ihres Gegenübers ein. Aber Sie behalten die Zügel in der Hand – das erwartet im Übrigen auch jeder Kandidat, der zu einem Gespräch eingeladen wird. Sie benötigen relevante Antworten auf Ihre Fragen und das bedeutet, dass Sie so lange nachfragen, wenn nötig auch unterbrechen, bis Sie diese Antworten erhalten haben.

In unserer Arbeit erleben wir manchmal, dass Interviewer selbst nach 60 oder 90 Minuten die Stärken und Entwicklungsfelder des Kandidaten nicht erfasst haben. In diesen Fällen wird zu wenig geführt, folgende Fehler tauchen auf:

- Der Interviewer verbringt zu viel Zeit mit Themen, über die sein Gegenüber gerne spricht, die aber für die Einschätzung seiner Fähigkeiten nicht wichtig sind.

- Er versteht nicht genau, was der Kandidat sagt, fragt aber nicht ausreichend nach und hat zum Schluss keine präzise Einschätzung.

- Der Kandidat erzählt und erzählt – der Interviewer lässt ihn gewähren. Anstatt ihn höflich zu unterbrechen und auf seine Frage zurückzuführen. Der fehlende Mut, freundlich und bestimmt den Takt vorzugeben, ist unseres Erachtens einer der Hauptgründe, warum Interviewer nicht zu einer realistischen Einschätzung kommen.

- Sie erfahren viel über das Umfeld, das Unternehmen und den Job oder die Projekte, aber zu wenig über die Person und wie diese die Herausforderungen und Leistungserwartungen des Jobs erfüllt hat, also in welchen Situationen und unter welchen Bedingungen sie die Aufgabe erfüllt hat.

Erst, wenn Sie es schaffen, etwa 70 bis 75 Prozent der Zeit auf relevante, das heißt auf die Anforderungen des zu besetzenden Jobs bezogene Informationen über die Person zu erhalten, werden Sie eine zuverlässige Prognose treffen können, ob der Kandidat zu der ausgeschriebenen Stelle passt. Sie müssen also viel mehr über Einstellungen, Werte, Motiven, Stärken, Entwicklungsfelder, Persönlichkeitsmerkmale und Potenziale des Kandidaten erfahren. In der reinen Interviewphase benötigen Sie etwa 10 Prozent Umfeldaussagen, um den Kontext zu verstehen. Zudem brauchen Sie vielleicht 15 bis 20 Prozent Informationen über die Aufgabe, Kunden, Schnittstellen und wichtigen Projekte, um die Rolle und den Erfolg – auch in Abgleich mit den eigenen unternehmensspezifischen Erfolgsparametern – besser zu verstehen. In der verbleibenden Zeit kann der Kandidat anhand von Beispielen erläutern, wie er an wichtige Situationen und Aufgaben herangeht, welche Stärken er einbringt, welche Prioritäten er setzt, welche Entscheidungen er trifft und welches Verhalten er zeigt. Kurz, was ihn auszeichnet und was ihn von anderen unterscheidet.

Abbildung 24   Gesprächsfokus Person: Im Kern eines jeden Menschen stecken seine Einstellungen, Werte, Motiven, Stärken, Entwicklungsfelder, Persönlichkeitsmerkmale und Potenziale. Sie entscheiden maßgeblich, ob er zu einem Unternehmen oder einer Stelle passt oder nicht.

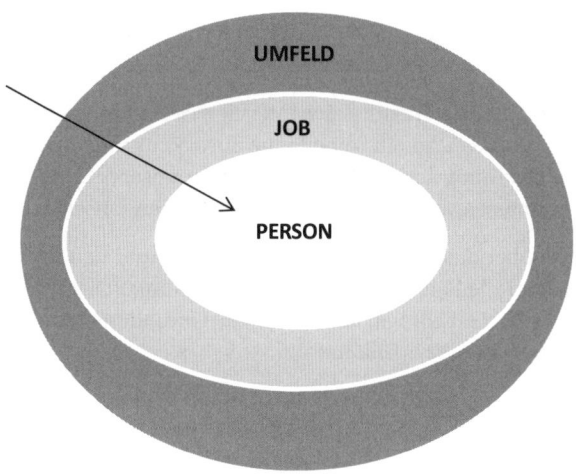

Aus der Praxis

„Nennen Sie mir bitte einen Erfolg aus dem letzten Jahr, an den Sie sich besonders gern erinnern."

„Wir haben die IT-Umstellung auf SAP sehr erfolgreich und effizient umgesetzt. Dabei haben wir den Kostenplan eingehalten, die auftretenden Fehler schnell behoben. Und wir haben von der Geschäftsleitung sehr gutes Feedback bekommen. Die hatte mit mehr Widerständen gerechnet."

Viele Interviewer stellen hier vertiefende Fragen, die auf ein besseres Verstehen der Situation beziehungsweise des Gesagten zielen, etwa indem sie die Thematik des Umgangs mit Widerständen („Was waren das für Widerstände?"), die SAP-Umstellung („Was genau wurde umgestellt?") und Ähnliches aufgreifen. Das ist grundsätzlich interessant, führt aber nicht zielstrebig zu eignungsrelevanten Informationen über die Person. Wenn Sie den Fragenfokus vom „Was" auf das „Wie" lenken, werden Sie sehr viel besser verstehen, welche genaue Rolle der Kandidat in diesem Projekt einnahm und wie er zum Erfolg beigetragen hat. Was waren also seine Verhaltensweisen, Entscheidungen und Stärken, durch die das Projekt so erfolgreich verlaufen konnte?

Auch lohnt es sich nachzufragen, was dieses Beispiel an grundlegenden Stärken des Kandidaten verdeutlicht, oder was er anders machen würde, wenn er das Projekt mit der Erfahrung von heute noch einmal leiten sollte. Antworten auf solche Fragen zielen stärker auf das Erfassen der Potenzialfaktoren eines Kandidaten – in diesem Fall die Reflexions- und Lernfähigkeit, den Leistungs- und Qualitätsanspruch, den Umgang mit Komplexität und die Motivation zur Einflussnahme. Diese vier Potenzialfaktoren weisen die relativ höchste Eignungsvorhersagewahrscheinlichkeit auf.

4.2.2   Gesprächsatmosphäre

Um das Potenzial eines Kandidaten wirklich treffend zu beurteilen, ist eine freundliche, zugewandte Atmosphäre wichtig. Alle Menschen sprechen gern über ihre Erfolge und Stärken. In der Regel werden sie jedoch zurückhaltender, wenn es um ihre Entwicklungsfelder und Misserfolge geht. Je angespannter sie dann ein Einstellungsinterview erleben, desto vorsichtiger werden sie agieren. Es gibt zwar auch heute noch Anhänger der Verhörmethode, die den Kandidaten unter Stress setzt. Wir halten davon jedoch nichts, weil wir auf diese Weise bis heute noch keine überzeugenden Resultate erlebt haben.

Die besten Erfahrungen haben wir immer mit einer freundlichen Körpersprache gemacht. Wenn Sie den Kandidaten anschauen, manchmal unterstützend nicken – gerade dann, wenn er von schwierigen Situationen in seinem Lebenslauf spricht – und ihm aktiv zuhören, verläuft das Gespräch entspannt. Ein kurzer, ermunternder Kommentar wie „ja, das kann ich gut verstehen" sorgt oft für ein Höchstmaß an Offenheit. Denn nur, wenn Kandidaten auch von dem berichten, was sie noch besser machen können, lässt sich beurteilen, ob die Einstellung Aussicht auf Erfolg hat.

4.2.3   Tipps für eine freundliche Interview-Atmosphäre

■ Geben Sie dem Kandidaten den Eindruck, dass er willkommen ist. Dass er der Einzige ist, um den es in den nächsten 60 bis 90 Minuten geht. Zeigen Sie ein echtes Interesse an ihm. Nehmen Sie sich Zeit. Stellen Sie sicher, dass Sie nicht gestört werden.

■ Bauen Sie frühzeitig einen guten Kontakt zum Kandidaten auf. Dabei helfen ein freundlicher, unaufgesetzter Augenkontakt genauso wie unterstützendes Kopfnicken bei Kandidatenantworten.

■ Lassen Sie dem Kandidaten etwas Zeit, anzukommen. Freundlicher Small Talk bricht das Eis. Viele Kandidaten sind ein wenig reserviert, wenn sie in ein Interview gehen. Und tauen bei einem freundlichen Interviewer schnell auf.

■ Behalten Sie Ihre zugewandte, freundliche Haltung während des gesamten Gesprächs – auch wenn Sie eine Antwort erhalten, die Sie nicht als passend bewerten. Zeigen Sie Verständnis bei der Schilderung von Dingen, die im Berufsleben des Kandidaten nicht gut gelaufen sind und drücken Sie das aus („das verstehe ich … da sind Sie nicht der Einzige"). Das ermuntert Ihr Gegenüber, auch von dem zu berichten, was nicht geklappt hat. Bei einem strengeren Interviewer würde er das wahrscheinlich vermeiden.

■ Wenn ein Kandidat nach Antworten sucht – lassen Sie ihm Zeit. Und halten Sie das Schweigen aus. Auch wenn es mal 10 oder 20 Sekunden lang dauern sollte.

■ Diskutieren Sie nicht mit Ihrem Gegenüber über seine Einstellungen zu den Themen, die Sie im Interview besprechen. Auch wenn Sie noch so sehr der Meinung sind, dass Sie Recht haben.

4.2.4   Gesprächsanteile

Wir stellen häufig bei ungeübten – manchmal sogar bei routinierten – Interviewern fest, dass sie in Einstellungsgesprächen zu viel reden. Was immer auch das Motiv sein mag: Ihr Ziel ist doch, möglichst viel über den Kandidaten zu erfahren, der vor Ihnen sitzt. Und dafür müssen Sie Fragen stellen, gute Fragen. Deshalb sollten Sie eine Verteilung der Gesprächsanteile Kandidat:Interviewer von etwa 85:15 anstreben. Nur dann werden Sie genügend Informationen erhalten. Natürlich ist es auch Ihre Aufgabe, das Unternehmen und die zu besetzende Stelle vorzustellen und Fragen des Kandidaten zu beantworten. Das können Sie gut in 15 Prozent der zur Verfügung stehenden Zeit erledigen. In der Praxis sieht das aber häufig anders aus. Aufzeichnungen von Einstellungsinterviews haben Redeanteile der Kandidaten von nur 40 Prozent ergeben, wogegen die Interviewer bis zu 60 Prozent des Gesprächs bestritten. Da stellt sich die Frage, wer hier mehr von wem erfährt.

Sie wollen den Kandidaten möglichst so kennenlernen, wie er wirklich ist. Deshalb muss er sich Ihren Fragen stellen. Anschließend informieren Sie ihn über das Unternehmen und die Aufgabe. Dass zuerst der Kandidat spricht, ist wichtig. Er wird Ihnen seine Informationen offener präsentieren, als wenn er schon frühzeitig aufgenommen hat, was Sie für die Stelle genau erwarten.

4.2.5   Mitschrift

Führungskräfte und Personaler fragen uns immer wieder gerne, ob eine Mitschrift denn wirklich notwendig sei. Ja, ohne Notizen geht es nicht. In einem Interview tauchen so viele wichtige Themen, Einzelheiten und Eindrücke auf, die Sie unmöglich alle im Kopf behalten können. Das wird uns auch mit Notizen nicht vollständig gelingen. Sie stellen aber sicher, dass die wichtigsten Aussagen des Kandidaten nicht verloren gehen.

Studien belegen, dass ungeübte Interviewer nach etwa drei bis vier Minuten unbewusst eine Entscheidung über den vor ihnen sitzenden Kandidaten fällten (Fischer, Lorenz, Wiswede 2002). Alles, was der Kandidat nach dieser kurzen Zeit noch von sich gab, nahmen sie selektiv als Bestätigung dieses frühen Urteils wahr. Damit Ihnen das nicht passiert, sollten Sie sich während des Gesprächs ihre Eindrücke bewusst machen. Das gelingt, indem Sie notieren, was der Kandidat Ihnen sagt – und zwar wörtlich. Natürlich schreiben Sie nicht alles auf, aber die Schlüsselformulierungen sollten Sie schon zu Papier bringen. Ebenso wie Ihre Eindrücke und Interpretationen.

„Extrovertiert", „zu wenig organisiert", „in der Lage, mit Widerständen zu arbeiten" sind zum Beispiel Eindrücke, die Sie während des Gesprächs vom Kandidaten gewinnen könnten. Das sollten Sie notieren. Den Rest des Interviews nutzen Sie dann, um diese Hypothesen bestätigt oder widerlegt zu bekommen. Dabei ist Ihre ganze Professionalität gefordert, um für beide Möglichkeiten offen zu bleiben.

Wir schlagen vor, an der Struktur des Interviews entlang die wichtigsten Formulierungen des Kandidaten aufzuschreiben und den unteren Teil des Blatts für Ihre Hypothesen zu nutzen. Der Kandidat sollte diese Notizen natürlich nicht sehen, halten Sie also den Notizblock entsprechend. Sie sollten darauf achten, nur die wichtigsten Aussagen mitzuschreiben. Andernfalls können Sie den freundlichen Augenkontakt zum Kandidaten nicht aufrechterhalten, der für den erfolgreichen Gesprächsverlauf so wichtig ist. Er unterstützt Sie dabei, eine Beziehung aufzubauen. Ohne diese unterstützende Verbindung zum Interviewer wird ein Kandidat sehr bedächtig vorgehen. Zu Fragen, bei denen der Kandidat selbstkritisch über sich reflektieren soll, sollten Sie keine Notizen machen. Diese Antworten müssen Sie später zu Papier bringen. Ein Beispiel für eine Mitschrift zeigt die folgende Tabelle:

Abbildung 25   Beispiel Mitschriftbogen

Name des Kandidaten	Datum:
Aussagen des Kandidaten:	**Kompetenzen – Entwicklungsfelder**
„Ich habe es mir zur Regel gemacht, jeden Kundenanruf noch am selben Tag zu beantworten."	Schnelligkeit, Zuverlässigkeit
„Ich habe für jeden Arbeitstag einen genauen Plan, welche Kunden ich besuchen werde, mit welchen Kunden ich telefoniere und lasse immer noch Platz für Unvorhergesehenes."	Organisationsvermögen, Planungsfähigkeit
„Meine Kunden wissen bei mir immer, woran sie sind. Da wird immer Klartext geredet."	Impulskontrolle? Mehr Gelassenheit notwendig?
„Als Schichtleiter muss man klare Ansagen machen und darf sich nicht von anderen dreinreden lassen."	Lernfähigkeit? Mehr Mitarbeitereinbindung nötig?
„Im Vergleich zu den anderen Schichtteams haben wir den höchsten Output und dabei sehr hohe Qualität. Das kann man daran messen …"	Leistungsorientierung, hohe Anforderung an sich und andere

Name des Kandidaten	Datum:
„Bei einem ungelösten Problem analysieren wir im Team das Ganze und sprechen es genau durch. Erst wenn wir keine Lösung finden, gehe ich zu meinem Chef."	Problemlösungsverhalten, Selbstverantwortung
Hypothesen: Gewissenhaftigkeit/Ambition: will zu den Besten gehören – überdurchschnittliche Wettbewerbsorientierung, verlässlich, organisiert, „direkt-Prinzip" bei Kunden Extroversion: bindet Team in Problemanalyse und Lösung ein, hoher Führungsimpuls Umgänglichkeit niedrig?/Takt?: „Ansage", „Klartext"	**Hot Buttons:** Positiv: Schnelligkeit Kritisch: Umgänglichkeit: Dominanz/Takt?

Eine Arbeitsvorlage dieses Mitschriftbogens sowie eine weitere Version finden Sie im Anhang.

Werten Sie den Bogen später aus, können Sie „Störgefühle" entweder durch den Verlauf des Interviews und anhand von kritischen Beispielen oder Handlungsfragen unter Umständen auflösen oder relativieren. Vor allem aber können Sie prüfen, ob sie in Bezug auf die Anforderungen relevant sind. Im Beispiel in Abb. 25 wurden die Punkte „Dominanz" und „Takt" erst mal kritisch wahrgenommen. Erwarten Sie Durchsetzungskraft und die Fähigkeit, klare Ansagen zu machen, dann können Sie Ihre subjektiven Störgefühle oder persönlichen Werte relativieren. Haben Sie allerdings ein überdurchschnittlich hohes Maß an Takt und politischem Gespür als Anforderung definiert, müssten diese Punkte – bei sonst positivem Eindruck des Kandidaten – noch einmal kritisch überprüft werden.

4.3   Die Qualität der Fragen

Was Sie von Ihrem Kandidaten erfahren und wie verwertbar diese Aussagen sind, hängt unmittelbar von der Qualität Ihrer Fragen ab. Sie entscheidet darüber, wie der Kandidat Sie wahrnimmt und vor allem, ob Ihre Entscheidung im Anschluss an das Gespräch zum Erfolg führt.

Wir erleben oft sehr viele gute Einzelfragen seitens der Führungskräfte und Personaler. Aber die wenigsten gehen methodisch und mit „Plan" ans Nachfragen. Beim Einstellungsinterview gilt die Regel: Erst die dritten und vierten Fragen führen zu diagnostisch relevanten Antworten.

4.3.1   Offene Fragen

Für viele eine Selbstverständlichkeit und theoretisch bekannt: Offene Fragen, also solche, die man nicht mit ja oder nein beantworten kann, sind im Interview die Fragen der Wahl. Geschlossene Fragen wie „Machen Sie das gerne?", „Halten Sie das für wichtig?", „Haben Sie das schon gemacht?" führen lediglich dazu, dass der Kandidat ja sagt, auch wenn er nein meint. Es ist einfach so: Einstellungsinterviews sind keine Situationen, in denen Menschen automatisch völlig offen von sich sprechen. Dafür geht es um zu viel. Sie achten sehr genau auf die Signale ihres Gegenübers und nutzen geschlossene Fragen, um so zu antworten, wie es ihrer Meinung nach erwartet wird.

4.3.2   Handlungsfragen

Handlungsfragen geben in der Regel ein Szenario der Zukunft vor und erfragen Einstellungen, Analysefähigkeit und Verhaltensrepertoire: „Was würden Sie in folgender Situation tun: Stellen Sie sich bitte vor, Sie beginnen bei uns als Schichtleiter. Nach etwa drei Monaten bemerken Sie, dass die Leistung eines Ihrer Mitarbeiter – gemessen an der Stückzahl der Verarbeitung und der Einhaltung von Qualitätsstandards – sehr schwankt. Mal ist sie sehr stark, mal durchschnittlich bis unterdurchschnittlich. Wie gehen Sie vor? Was wären Ihre zwei oder drei wichtigsten Interventionen?"

Bedenken Sie aber, dass der Kandidat hier nur Maßnahmen nennt, von denen er *glaubt*, sie seien richtig. Das sind wichtige Informationen im Hinblick auf die Passung zu den Werten der Unternehmens- und Führungskultur. Es ist aber noch keine Garantie dafür, dass er dieses Vorgehen später auch in der Praxis umsetzen kann. Der diagnostische Aussagegehalt hinsichtlich eines späteren Berufserfolges ist also bei Handlungsfragen eingeschränkt.

Trotzdem halten wir Handlungsfragen für sinnvoll. Sie sollten jedoch im Verhältnis zu den Fragen, die sich auf die Analyse von gezeigtem Verhalten, getroffenen Entscheidungen und durchgeführten Projekten beziehen, den kleineren Anteil ausmachen.

4.3.3   Filterfragen

Möchten Sie eine Information konkretisieren, greifen Sie am besten auf die sogenannten Filterfragen zurück. Gerade Einstellungsinterviews bewegen sich häufig auf der Ebene von Allgemeinplätzen. Antwortet etwa ein Kandidat auf die Frage nach seinen Stärken mit Ergebnisorientierung und Konfliktfähigkeit, wissen Sie zunächst gar nichts. Weder, was genau er darunter versteht, noch, was ihn in diesem Punkt von anderen unterscheidet. Auch kennen Sie seinen Maßstab von „überdurchschnittlich" oder „stark ausgeprägt" nicht, da das relative Begrifflichkeiten sind, die von seinem Umfeld abhängen. Hinzu kommt, dass Kandidaten natürlich auch hier versuchen, sich gut darzustellen. Stand in der Stellenausschreibung: „Wir suchen konfliktfähige und ergebnisorientierte Mitarbeiter", dann ist die Versuchung für den Kandidaten groß, genau diese Eigenschaften als seine Stärken zu benennen – auch, wenn es dafür nur wenige Belege gibt. Mit Filterfragen gehen

Sie den Antworten gezielt auf den Grund und lösen Allgemeinplätze professionell und nicht konfrontierend auf. Der Fragetrichter in Abbildung 26 zeigt beispielhaft, wie Sie Filterfragen folgerichtig im Interview einsetzen.

Abbildung 26   Fragetrichter

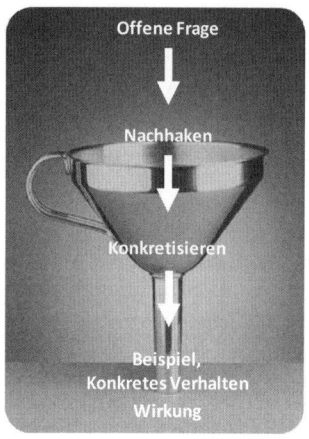

- Welche Stärken haben Sie?

- Was genau verstehen Sie darunter?

- Nennen Sie mir ein konkretes Beispiel/eine Situation/ ein Verhalten, das Ihre Stärke verdeutlicht?

- Wie hat sich Ihre Stärke/Ihr Verhalten auf das Ergebnis/ die Zielerreichung ausgewirkt?

4.3.4   STAR-L-Fragen

Die STAR-Methode ist die Methode unserer Wahl für das Einstellungsinterview – wir haben sie auf die STAR-L-Methode erweitert. Sie liefert Interviewern eine Fragen-Struktur, mit der sie auswertbare Informationen von den Kandidaten bekommen. Und sie hilft zu verstehen, wie erfolgreich die Kandidaten bislang agiert haben und welche Ausprägungen von relevanten Kompetenzen und Potenzialfaktoren ihnen in erfolgskritischen Situationen zugeschrieben werden können. Immer dann, wenn Sie aktiv nach Beispielen fragen oder der Kandidat von sich aus Situationen zur Verdeutlichung anbietet, haken Sie wie folgt nach:

S   **Situation – Wie war die Ausgangssituation?**

T   **Target – Was war Ihr Ziel (persönliches/vorgegebenes)?**

A   **Action – Was waren Ihre wichtigsten Handlungen und Entscheidungen?**

R   **Result – Was war das Ergebnis? Qualität? Quantität? Zahlen, Daten, Fakten?**

L   **Learnings – Was machen Sie heute noch besser oder anders?**

Aus der Praxis

Der Kandidat nennt als Erfolg, dass er es mit einem zahlenmäßig unterbesetzten, neu zusammengestellten Team geschafft hat, die operativen Ergebniserwartungen zu 100 Prozent zu erfüllen.

S (Situation) =

Interviewer: „Das scheint mir beachtlich, erläutern Sie mir bitte in zwei bis drei Sätzen den Hintergrund. Wie war die Ausgangssituation, als Sie das Team übernahmen?"

Kandidat: „Seit neun Monaten läuft bei uns ein intensives Kostenreduzierungs- und Umstrukturierungsprogramm. Die zentrale Einkaufsabteilung wurde aufgelöst und jeweils in unsere Vertriebslinien integriert. Mir wurde eine dieser dezentralen Einkaufsabteilungen übertragen. Darunter waren Mitarbeiter aus der Zentrale, die mussten jetzt komplett neue Aufgaben übernehmen. Andere Mitarbeiter kamen aus den Vertriebslinien und waren nicht wirklich qualifiziert zum Thema Einkauf."

T (Target/Ziel) =

Interviewer: „Ich verstehe. Das war sicherlich anspruchsvoll, was waren Ihre Ziele, als Sie die Aufgabe übertragen bekamen?"

Kandidat: „Ich wollte, dass alles reibungslos läuft und mein Team einen guten Job macht. Außerdem wollte ich die Integration der Mitarbeiter in das neue Team hinbekommen."

Interviewer: „An welchen Zahlen und Indikatoren wollten Sie den ‚reibungslosen Ablauf' messen?"

Kandidat: „Jeder Mitarbeiter sollte innerhalb der ersten drei Monate mit jedem seiner Lieferanten gesprochen haben. Darüber hinaus sollte jeder die Margen ausgelotet und neue Rahmenverträge abgestimmt haben."

Interviewer: „Welchen Beitrag hat in dieser Zeit das Management zu den Veränderungen geleistet?"

Kandidat: „Das Management war damals zu sehr mit sich selbst beschäftigt. Die haben nur gesagt ‚Machen Sie – und schauen Sie, dass nichts hinten runterkippt.'"

Interviewer: „Das höre ich manchmal, dass in Phasen der Umstrukturierung nicht so viel Unterstützung für das mittlere Management vorhanden ist – wie war das für Sie?"

Kandidat: „Ich schätze meinen Freiraum sehr. Ich habe damals meine Ziele definiert und mit meinen Mitarbeitern abgestimmt. Und wenn ich eskalieren musste, dann habe ich mir auch Gehör und Unterstützung von oben eingeholt."

Interviewer (anerkennend nickend): „Beachtlich … geben Sie mir bitte noch ein bis zwei Stichpunkte, welche Ziele Sie im Hinblick auf die Integration des Teams hatten."

Kandidat: „Ich wollte nicht, das eine Zweiklassen-Gesellschaft entsteht: die Kompetenten von der Zentrale und die Inkompetenten aus der Vertriebslinie."

Interviewer: „An welchen Indikatoren wollten Sie nach einiger Zeit festmachen, dass Sie das geschafft hatten?"

Kandidat: „Wie die Mitarbeiter sich gegenseitig unterstützt haben. Und welche Ziele wir gemeinsam erreicht haben."

A (Action/Verhalten) =

Interviewer: „Danke, darauf würde ich gerne gleich noch mal kurz eingehen. Doch vorweg: Können Sie mir Ihre zwei bis drei wichtigsten Interventionen und Entscheidungen benennen, wie Sie die Umsetzung dieser Ziele sichergestellt haben?"

Kandidat: „Als Erstes habe ich – gegen den Widerstand der Mitarbeiter – entschieden, dass wir alle in einem Großraumbüro sitzen. Ich wollte keine Einzelkammern, sondern habe mich für einen ‚Kommunikationsraum' entschieden. Zudem habe ich regelmäßige Teamsitzungen eingeführt, sowohl zur Sicherung der Ergebnisse, als auch für den Best-Practice-Austausch. Und schließlich habe ich viele sogenannte Side-by-Side-Gespräche mit den Mitarbeitern durchgeführt, die vorher nicht im Einkauf waren: Dabei habe ich sie zu Lieferantengesprächen begleitet oder mir ihre Vorbereitung und Strategie vor wichtigen Meetings erklären lassen, um ihnen danach qualifiziertes Feedback geben zu können."

R (Result/Ergebnis) =

Interviewer: „Das hört sich nach einer arbeitsreichen Zeit für Sie an … wie schätzen Sie aus heutiger Sicht Ihre Zielerreichung ein, bezogen auf den ‚operativen reibungslosen Ablauf' und ‚Teamintegration'?"

Kandidat: „ Das sehe ich sehr positiv, wir haben wirklich viel geschafft."

Interviewer: „Wenn Sie das einem Außenstehenden anhand von Zahlen, Daten, Fakten oder einem Beitrag zur Wertschöpfung erklären müssten, welche Indikatoren könnten Sie hier am ehesten benennen?"

Kandidat: „Wir haben es geschafft, mit einem Team von 6 Einkäufern mit 90 Prozent der für uns relevanten Lieferanten zu sprechen und haben neue Synergiepotenziale geschaffen …"

Interviewer: „Synergiepotenziale?"

Kandidat: „Wir haben einen Schnittstellen-Workshop mit den Einkaufsabteilungen der anderen Vertriebslinien und dem zentralen Einauf für uns genutzt, um alternative Sourcingkonzepte zu entwickeln."

L (Learnings/Lernerfahrung) =

Interviewer: „Vielen Dank. Nun ist es ja oft so: Wenn man solche Aufgaben bewältigt – und das zum ersten Mal in der Konstellation – gibt es im Anschluss ein oder zwei Dinge, die man beim nächsten Mal anders machen würde. Was ist das am ehesten bei Ihnen?"

Kandidat: „Ich glaube, in der Situation hätte ich nicht viel anders machen können – ich bin sehr zufrieden, wie es gelaufen ist. Nur eins vielleicht. Wenn ich heute noch mal in der Situation wäre, würde ich alle Mitarbeiter zu einem Teambuilding-Workshop einladen. Das hätte den Prozess vielleicht noch verkürzt."

Interviewer: „Ja, ich habe rausgehört, dass Sie viel bewegt haben. Sagen Sie mir bitte, welche Ihrer Stärken es Ihnen ermöglicht hat, hier so viel Einsatz zu erbringen?"

Kandidat: „Dass ich etwas starten kann. Dass ich Menschen dafür begeistern kann, neue Aufgaben zu übernehmen. Das motiviert mich sehr – und viel Arbeit hat mir noch nie etwas ausgemacht."

Interviewer: „Und was haben Sie in dieser Situation gelernt? Was können sie heute besser als damals?"

Kandidat: „Was ich sicher gelernt habe ist, dass ich mich unter Druck besser organisieren muss. Und meine Zeit planen muss, um schneller Entscheidungen treffen zu können."

Auswertung: Mithilfe dieser Fragen konnten wir viel über die Person und ihre relevanten Kompetenzen und Motive erfahren. Der Kandidat gibt Beispiele für höhere Ausprägungen in Extroversion und Beziehungsorientierung (bei hoher Arbeitsbelastung schafft er Zeit für regelmäßige Teammeetings), zeigt sich ambitioniert (Gewissenhaftigkeit), setzt sich Ziele, zeigt sich unternehmerisch, selbstständig und unabhängig von der Unterstützung des Managements (Offenheit für neue Erfahrungen, Unterskala Eigenständigkeit). Und er gibt auch Hinweise darauf, dass das Thema Planung und Organisation (Unterpunkte zu Gewissenhaftigkeit) im weiteren Verlauf des Gesprächs detaillierter analysiert werden sollte.

4.3.5   Ein-Wort-Frage: „Weil?"

Kurze, aber präzise und tendenzfreie Fragen sind oft von unschätzbarem Wert im Einstellungsinterview. Eine der vielleicht kürzesten, aber sehr effektiven Fragen ist die Frage „Weil?" bei gleichzeitig freundlich zugewandter Körpersprache und Blickkontakt. Besonders, wenn der Kandidat eher Themen anspricht, die der Analyse von Hintergründen oder unterschwelligen Motiven bedarf.

Aus der Praxis

Kandidat: „Ich bin der Meinung, dass man in solchen Situationen schnell handeln muss."

Interviewer: „Weil?"

Kandidat: „... ich meine Mitarbeiter nicht dieser Unsicherheit aussetzen möchte. Sie müssen wissen, woran sie sind."

4.3.6   Schweigen statt Fragen

Hin und wieder werden Sie Momente im Einstellungsinterview erleben, in denen Sie den Kandidaten eher durch eine kleine Pause oder gezieltes Schweigen zum Weiterreden animieren als durch weitere Fragen. Besonders wenn Sie spüren, dass der Kandidat etwas zu sagen hätte, es aber nicht tut. Allerdings brauchen Sie dazu eine offene und vertrauensvolle Beziehungsatmosphäre. Schweigen sollte nicht zu früh und auch nur mit Einfühlungsvermögen und wohldosiert eingesetzt werden. Bei besonders angespannten Kandidaten sollten Sie mit dieser Technik warten, bis sie sich entspannt haben.

4.3.7   Skalierungsfragen

Wenn sich Kandidaten zu allgemein ausdrücken – „da habe ich viel ... wenig ... mehr oder weniger ...." – können Sie mit Skalierungsfragen nachhaken. Diese Art der Fragen fordert den Kandidaten dazu auf, Relationen und Einschätzungen über Zahlen beziehungsweise prozentuale Verteilungen zu konkretisieren. Wenn der Interviewer zum Beispiel verstehen möchte, was genau der Kandidat an seiner aktuellen Stelle macht, kann er fragen:

- „Wenn Sie Ihre Aufgaben nach zeitlichem Engagement prozentual verteilen – wie viel Prozent Ihrer Zeit verwenden Sie auf welche Tätigkeiten?"

- „Wenn Sie Ihre Tätigkeiten nach Ihrer Bedeutung für die Zielerreichung gewichten, was sind für Sie die drei wichtigsten?"

- „Wie schätzen Sie die Notwendigkeit von regelmäßigem Feedback für Mitarbeiter ein, auf einer Skala von 1 bis 10 – 1 bedeutet unwichtig, 10 bedeutet sehr wichtig?"

Wenn Sie verstehen möchten, wie erfolgreich ein Kandidat bisher seine Ziele erreicht hat, können Sie ihn nach seinen wichtigsten Zielen und Zielvorgaben fragen und um eine kurze Einschätzung der jeweiligen Zielerreichungsquoten bitten.

In unserer Praxis stellen wir fest, dass sich viele Interviewer scheuen, so konkret zu fragen. Wir verstehen ehrlich gesagt nicht, warum. Ohne Zahlen, Daten, Fakten können Sie den bisherigen Erfolg einer Person nicht einschätzen. Dann können Sie auch keine gute Vorhersage treffen, ob diese in Ihrem Unternehmen erfolgreich wird. Und nur darum geht es.

4.3.8   Suggestiv- und Warum-Fragen vermeiden

Sie sehen schon, es gibt eine ganze Reihe verschiedener Fragearten, die situationsgerecht eingesetzt werden wollen. Grundsätzlich ist ein breites Repertoire sehr hilfreich. Aber es gibt zwei Fragearten, die im Einstellungsinterview nicht passen: Suggestivfragen („Sie sind doch sicher auch der Meinung, dass …?", „… da war Ihr Team aber sicherlich erfreut?") zeigen zu deutlich, dass Sie eine Bestätigung für Ihre Sichtweise suchen. Sie produzieren zu viel „soziale Erwünschtheit", das heißt, der Kandidat wird antworten, was Sie seiner Meinung nach hören wollen. Diese Thematik ist den meisten Menschen auch bewusst.

„Aber wieso denn keine Warum-Fragen?" hören wir immer wieder von den Führungskräften und Personalern. „Wir wollen doch dahinterliegende Gründe und Motive erfragen." Dies sollte jedoch mithilfe anderer Fragen geschehen, denn Warum-Fragen besitzen eine eher negative emotionale Komponente. „Warum?" wurden wir als Kinder sehr oft von Erwachsenen gefragt, wenn aus deren Sicht etwas schief gelaufen war: „Warum hast du den Nachbarsjungen geärgert?" „Warum hast Du nicht aufgepasst?" Meistens gerieten wir dann erst mal ins Schwitzen.

Wenn Sie heute in Einstellungsinterviews Warum-Fragen stellen, erzielen Sie häufig denselben Effekt: Sie bringen den Kandidaten in eine Rechtfertigungsposition. Da ist so ziemlich das Gegenteil von einer offenen Gesprächsatmosphäre und erhöht die Wahrscheinlichkeit, sozial erwünschte Antworten zu erhalten. Hier ein paar bessere Fragealternativen:

■ „Helfen Sie uns zu verstehen, was Sie bewogen hat …"

■ „Was hat dazu geführt, dass …?"

■ „Wie ist es dazu gekommen, dass …?"

Mit diesen kleinen Veränderungen in den Formulierungen erhalten Sie mehr und vor allen Dingen aufschlussreichere Informationen.

4.3.9   Keine Doppel-, Drei- und Vierfachfragen

„Sagen Sie uns doch bitte, was genau Sie hier gemacht haben? Wann Sie eskaliert haben, wie Sie die neuen Mitarbeiter integriert haben und wie Sie mit Minderleistung umgegangen sind?"

Die meisten Kandidaten werden am Ende dieser Fragenreihe nicht mehr wissen, was als Erstes gefragt war, und sind überfordert. Und wenn sie es noch wissen, werden sie nur das beantworten, was ihnen am leichtesten fällt. Auf diese Weise erhalten Sie nicht die gewünschten Informationen.

4.3.10   Unzulässige Fragen

Natürlich ist es wichtig, dass Sie möglichst viel über den Kandidaten in Erfahrung bringen. Das Allgemeine Gleichbehandlungsgesetz untersagt allerdings eine ganze Reihe von Fragen, darüber sollten Sie sehr genau Bescheid wissen. Denn unzulässige Fragen müssen nicht wahrheitsgetreu beantwortet werden und können zu einer gravierenden Verfälschung des Gesamtbildes führen. Einen ausführlichen Überblick über zulässige und unzulässige Fragen finden Sie im Anhang.

4.4   Struktur und Ablauf des Interviews

Zum Führen von Interviews gibt es Berge von Literatur. Die meisten Bücher empfehlen halbstandardisierte Interviews, dem schließen wir uns an. Solche Interviews werden von den Kandidaten akzeptiert und schaffen gleichzeitig die höchste Qualität an Informationsgewinn und Auswertbarkeit. Halbstandardisiert bedeutet, dass die Interviewer ihre Fragen anhand einer definierten Struktur aufbauen.

Bewährt hat sich das Vorgehen nach einer halbstandardisierten Struktur in sieben Schritten, die Abbildung 27 übersichtlich darstellt (zur Vorbereitung des Interviews siehe Kapitel 3, zur Nachbereitung siehe Kapitel 5):

Abbildung 27   Die Interviewstruktur

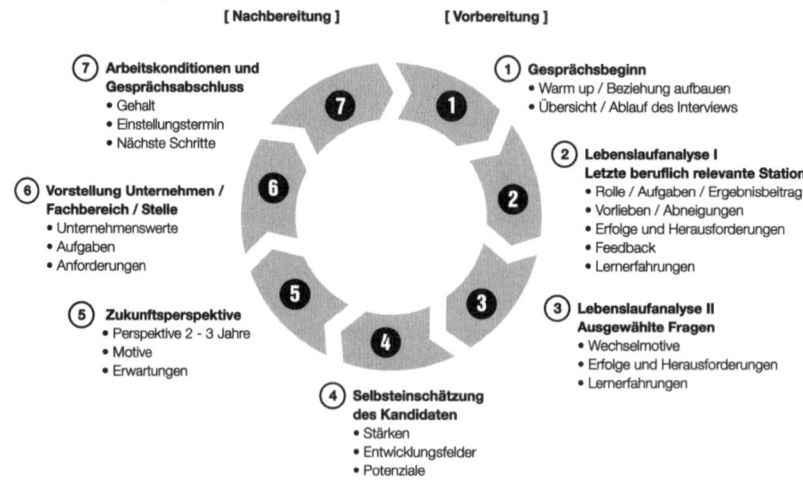

Die Interviewstruktur: Ablauf und einzelne Schritte

[Nachbereitung]   [Vorbereitung]

7 Arbeitskonditionen und Gesprächsabschluss
• Gehalt
• Einstellungstermin
• Nächste Schritte

6 Vorstellung Unternehmen / Fachbereich / Stelle
• Unternehmenswerte
• Aufgaben
• Anforderungen

5 Zukunftsperspektive
• Perspektive 2 - 3 Jahre
• Motive
• Erwartungen

4 Selbsteinschätzung des Kandidaten
• Stärken
• Entwicklungsfelder
• Potenziale

1 Gesprächsbeginn
• Warm up / Beziehung aufbauen
• Übersicht / Ablauf des Interviews

2 Lebenslaufanalyse I
Letzte beruflich relevante Station
• Rolle / Aufgaben / Ergebnisbeitrag
• Vorlieben / Abneigungen
• Erfolge und Herausforderungen
• Feedback
• Lernerfahrungen

3 Lebenslaufanalyse II
Ausgewählte Fragen
• Wechselmotive
• Erfolge und Herausforderungen
• Lernerfahrungen

Dabei durchlaufen Interviews die folgenden Gesprächsphasen (bei einer Gesamtdauer von 60 bis 90 Minuten):

■ Vorbereitung (siehe Kapitel 3 und 4.1)

■ Kontaktphase (Schritt 1: Gesprächsbeginn): Sie prägen die Gesprächsatmosphäre und besprechen gemeinsam mit dem Kandidaten Ziel und Zeitrahmen des Interviews (Dauer: 5 bis 10 Minuten).

■ Interviewphase (Schritt 2-5: Lebenslaufanalyse I und II, Selbsteinschätzung, Zukunftsperspektive): Sie analysieren Relevantes aus dem Lebenslauf (Dauer: etwa 40 bis 45 Minuten – das ist relativ kurz für die Fülle der Fragen, die Sie stellen wollen. Umso wichtiger, dass Sie entsprechend vorbereitet sind und nicht unnötig Zeit verschwenden).

■ Motivationsphase (Schritt 6: Vorstellung Unternehmen und Fachbereich): Sie präsentieren die Aufgabe und gewinnen den Kandidaten für Ihr Unternehmen (Dauer: ca. 10 bis 15 Minuten).

■ Diskussions- und Abschlussphase (Schritt 7: Arbeitskonditionen): Sie klären abschließende Punkte (Dauer: 5 bis 10 Minuten).

■ Nachbereitung: Sie werten die gesammelten Eindrücke und Informationen aus (siehe Kapitel 5 und 4.4.9).

4.4.1   Gesprächsbeginn

Drei Aspekte möchten wir an dieser Stelle hervorheben:

■ die Bedeutung des freundlichen Warm-ups und wie Sie gleich zu Beginn die Beziehung zum Kandidaten aufbauen

■ die Professionalität der Gesprächseröffnung

■ den Appell an die Offenheit

Sie beginnen also mit einem freundlichen Warm-up. In diesen Minuten prägen Sie den Ton für die nächsten 60 bis 90 Minuten. Der Gesprächspartner soll gleich zu Beginn des Gesprächs spüren, dass er willkommen ist und dass Sie sich darauf freuen, ihn kennenzulernen. Er soll auch wissen, dass Sie seinen Lebenslauf sorgfältig gelesen und sich gut auf das Interview vorbereitet haben.

Am besten schaffen Sie eine angenehme Atmosphäre, indem Sie ihn freundlich begrüßen, fragen, ob bei der Anreise alles geklappt hat und ihm ein oder zwei auflockernde Fragen stellen. Etwa zu den Hobbys, die er im Lebenslauf aufgeführt hat, zu seinem Wohnort oder zum Wetter.

Danach geben Sie einen kurzen Überblick, wie Sie sich den Termin vorstellen: Was ist die Zielsetzung des Gespräches? Wie lange wird es in etwa dauern? Wie wird es ablaufen? Und wie geht es danach weiter? Das ist nicht nur ein professioneller Einstieg in den beruflichen Kontext, sondern auch ein Signal der Partnerschaftlichkeit und der Einbindung an Ihr Gegenüber. Es geht um eine wichtige Entscheidung, sowohl für das Unternehmen als auch für den Kandidaten. Beide finden sich in einer Situation mit unbekannten Variablen wieder – doch dem Unternehmen liegen in der Regel mehr Eindrücke über den Kandidaten vor als dem Kandidaten über das Unternehmen. Er weiß noch nicht, was auf ihn zukommt und welchen Raum man ihm geben wird, um sich darzustellen. Deshalb sind die meisten Kandidaten zu Beginn eines Einstellungsinterviews mehr oder minder aufgeregt. Je professioneller, partnerschaftlicher und wertschätzender wir von Anfang an auftreten, desto schneller wird der Kandidat anfängliche Unsicherheiten ablegen und sich offen auf das Gespräch einlassen.

Aus der Praxis

Interviewer: „Mit Interesse haben wir Ihre Bewerbung gelesen. Wir haben heute die Gelegenheit herauszufinden, ob wir zueinander passen könnten. Dafür haben wir uns ungefähr eine Stunde reserviert. Wenn Sie und wir das Gespräch entsprechend positiv erleben, werden wir weitere Gespräche führen."

Kandidat antwortet.

Interviewer: „Dann noch kurz zum Ablauf: Im ersten Teil würden wir Ihnen gerne Fragen zu ihrer aktuellen beruflichen Aufgabe stellen. Und dann mit Ihnen über Ihre Vorstellungen, Ihre Kompetenzen und Ihre Erfahrungen sprechen. Schließlich werden wir Zeit haben, Ihre Fragen zum Unternehmen, dem Fachbereich und der Stelle zu besprechen. Passt das so für Sie?"

An dieser Stelle hat sich im Laufe unserer Gesprächspraxis auch ein Appell an die Offenheit als sehr wertvoll erwiesen. Er lautet etwa: „Wir haben in unserem Unternehmen die Erfahrung gemacht, dass es für Sie und für uns als Organisation am besten ist, wenn wir in großer Offenheit sprechen. Damit können wir die gegenseitigen Erwartungen am erfolgreichsten klären. Ich verspreche Ihnen deshalb, alle Ihre Fragen offen zu beantworten. Und ich bin Ihnen sehr dankbar, wenn Sie auf unsere Fragen offen antworten."

Das klingt ja schön und gut, werden Sie vielleicht denken, aber wer hält sich schon daran, wenn er den Job unbedingt will? Nach einigen tausend Interviews haben wir jedoch die Erfahrung gemacht: Viele Kandidaten berichten nach einem solchen Appell im Laufe des Einstellungsgesprächs weit mehr von sich, als sie vorher geplant hatten. Sie tun dies allerdings nur, wenn auch nach dem Gesprächseinstieg weiter alles unternommen wird, um die aufgeschlossene, zugewandte Atmosphäre aufrechtzuerhalten und wir selbst ehrlich und authentisch auftreten.

4.4.2   Lebenslaufanalyse I: Analyse der beruflich letzten relevanten Station

In deutschen Unternehmen wird bei Einstellungsinterviews immer noch sehr häufig biografisch orientiert abgefragt. Das heißt, der Interviewer steigt mit der Auswahl des Studiums oder der Ausbildung ein und lässt sich „vorwärts" ausgerichtet den Lebenslauf erklären, geht also die einzelnen beruflichen Stationen durch.

Warum machen wir das anders? Weil das, was für die Vorhersage von beruflichem Erfolg in der Zielposition relevant ist, in der aktuellen Station des Lebenslaufs liegt und nicht in dem, was jemand vor vielleicht 20 Jahren gemacht hat.

> **Aus der Praxis**
>
> Interviewer: „Mit Interesse haben wir Ihren Lebenslauf gelesen und freuen uns nun, Sie persönlich kennenzulernen. Wenn wir uns jetzt mit Ihnen über Ihren Lebenslauf unterhalten, möchten wir gerne mit Ihrer aktuellen Situation starten – und gehen danach punktuell auch auf andere Stationen Ihres Lebenslaufes ein."

Um die letzte relevante Station des Lebenslaufes zielführend analysieren zu können, hat sich die Abfrage folgender Themen als hilfreich erwiesen:

A   Hauptaufgaben, Rolle, Verantwortungen und Ergebnisbeiträge des aktuellen oder letzten relevanten Jobs

B   Vorlieben und Abneigungen

C   Erfolge und Herausforderungen

D   Feedback von anderen

E   Lernerfahrungen

A.   Hauptaufgaben, Rolle, Verantwortungen und Ergebnisbeiträge des aktuellen oder letzten relevanten Jobs

Die erste Frage, die wir in unseren Gesprächen jetzt stellen, lautet: „Bitte schildern Sie uns Ihre Rolle und die drei Hauptaufgaben in Ihrer jetzigen Tätigkeit". Die meisten Kandidaten berichten sehr gern und sehr ausführlich über sich und ihre Erfahrungen. Das ist schließlich der Punkt, den sie gut vorbereiten konnten. Deshalb ist es wichtig, gerade zu Beginn des Interviews den Rahmen zu setzen. Wir wollen nur die Hauptaufgaben kennenlernen. Nicht die Dinge, mit denen sich der Kandidat nur am Rande beschäftigt. Und wir wollen im Lauf des Gesprächs möglichst viel über die Person erfahren, die uns gegenübersitzt.

An diese Stelle des Interviews gehört auch die Klärung, mit welchen Verantwortungen und Berichtslinien der Kandidat in seiner aktuellen Aufgabe arbeitet. Es ist sehr aufschlussreich, was und wie der Kandidat antwortet. Kann er seine Rolle und die drei

Hauptaufgaben klar und präzise darstellen? Haben diese Aufgaben eine Verbindung zu den Inhalten der Stelle, die besetzt werden soll? Und was nennt er als Erstes? Dieser Tätigkeit wird er möglicherweise seine höchste Priorität einräumen.

Stellenbezeichnungen variieren von Branche zu Branche und von Unternehmen zu Unternehmen: Ein Bereichsleiter in einem mittelständischen Unternehmen ist nicht unbedingt vergleichbar mit einem Bereichsleiter in einem internationalen Konzern. Führungsspanne, Budgets, Prozesse und Akteure werden sich möglicherweise sehr unterscheiden. Ein Einkaufsleiter in der Automobilbranche muss oft gänzlich andere Aufgaben bewältigen als ein Einkaufsleiter in einem Handelsunternehmen.

Aus der Praxis

Interview mit einem Einkaufsleiter

Interviewer: „Welche Rolle nehmen Sie ein und was sind Ihre drei Hauptaufgaben in Ihrer jetzigen Stelle als Einkaufsleiter?"

Kandidat: „Ich bin zentraler Einkäufer im Food(Lebensmittel)-Bereich. Zum einen bin ich für das Sourcing neuer Lieferanten zuständig, zum anderen für die Betreuung unserer aktiven Lieferanten. Und ich kümmere mich auch um neue Projekte, die auf Synergieeffekte zielen, bin somit für die Abstimmung mit allen Food-Einkäufern der Vertriebslinien zuständig. Und dann kümmere ich mich natürlich noch um meine sieben Mitarbeiter, die unterschiedliche Themen besetzen."

Interviewer: „Das heißt, Sie haben strategische Aufgaben im Hinblick auf den Aufbau und die Koordination der Zusammenarbeit mit Lieferanten, Sie haben eine Koordinationsfunktion im Hinblick auf die Zusammenarbeit mit Ihren Kollegen und eine Führungsfunktion im Hinblick auf Ihr Team – habe ich das richtig verstanden?"

Kandidat: „Ja – das kann man so zusammenfassen."

Interviewer: „Können Sie mir bitte Ihre Rolle und die Erwartung des Managements an Ihre Rolle im Hinblick auf die Zusammenarbeit mit Ihren Kollegen in ein paar Stichworten beschreiben?"

Kandidat: „Meine Aufgabe besteht darin, die Einkaufsaktivitäten zu erfassen. Wir können zentral die Preise und Konditionen besser überblicken und auf Potenziale hinweisen. Auch können wir natürlich vereinzelt durch die Bündelung der Einkaufsvorhaben andere Bedingungen setzen, da wir die Volumina erheblich steigern, wenn wir als Gruppe auftreten."

Interviewer: „Ja. Das leuchtet sofort ein. Woran wird der Erfolg Ihrer Aktivitäten – Ihrer Koordination und Führung für die von Ihnen genannten, verschiedenen Aufgaben von Ihrem Management gemessen?"

Kandidat: „Für einige Aufgaben lässt sich das recht genau messen: Liefertreue ist gerade für unsere asiatischen Lieferanten ein wichtiges Kriterium und Einsparpotenziale beziehungsweise Margen sind natürlich das, worauf es grundsätzlich ankommt."

Interviewer: „Ja, das sind zwei gut messbare und für den Einkauf etablierte Kriterien, welche Aspekte umfasst Ihre Zielvereinbarung oder Leistungsbewertung noch?"

Kandidat: „Aktuell werde ich daran gemessen, wie viele Lieferanten ich nach unserer Skalierung der Potenzialgruppe A als feste Partner gewinne, wie ich bei den Vertriebslinien Akzeptanz für die neue, zentrale Struktur schaffe und die Zusammenarbeit beziehungsweise Mitarbeit meiner Kollegen aus den Vertriebslinien verbessere, und wie ich mein Team aufbaue."

Interviewer: „Verstehe – an welchen konkreten Messgrößen wollen Sie für sich Ihren Erfolg zu den einzelnen Punkten festmachen?"

Kandidat: „Potenzial-A-Lieferanten haben wir derzeit zwischen 5 und 7 Prozent, das müssen wir auf etwa 15 bis 20 Prozent bringen."

Interviewer: „Ist das eine Vorgabe des Managements oder Ihre Zielvorstellung?"

Kandidat: „Vorgabe des Managements sind 20 bis 25 Prozent – das ist aber derzeit nicht erfüllbar, da wir viel zu beschäftigt sind, überhaupt die existierenden Lieferanten-Beziehungen zu prüfen."

Interviewer: „Als man Ihnen als Zentral-Einkäufer die Aufgabe übertrug, Synergien mit den Partnern aus den Vertriebslinien zu schaffen – hat man das mit messbaren Zielen unterlegt?"

Kandidat: „Nicht wirklich. Man hat uns eine Vision vorgelegt und unter anderem von enormen Einsparpotenzialen und Größenordnungen von 10 bis 15 Prozent Einsparpotenzial gesprochen – mehr noch nicht."

Interviewer: „Was haben Sie sich hierzu vorgenommen? Was sind Ihre Messgrößen in Bezug auf diese Aufgabe?"

Kandidat: „Nun, so eine Umstellung ist nicht ganz leicht – auch die Unterstützung der Kollegen zu bekommen ist nicht einfach – schließlich erleben die das als ,Rückschritt' und ,Entmachtung' – ich bin zufrieden, wenn wir es schaffen nun erst mal rechtzeitig informiert zu werden und bei Lieferanten-Verhandlungen hinzugezogen werden."

Interviewer: „Verstehe, dass das eine sehr anspruchsvolle Aufgabe ist. Danke – vielleicht können wir im Verlauf hierauf noch mal kurz eingehen. Geben Sie mir noch zwei, drei Stichworte, was Ihnen im Hinblick auf die Entwicklung Ihres Teams und Ihrer Mitarbeiter wichtig ist."

Kandidat: „Es gilt, zwei Mitarbeiter, die nicht zu 100 Prozent für ihre jetzige Aufgabe qualifiziert sind, zu entwickeln und ein bis zwei neue Mitarbeiter in den nächsten drei Monaten einzustellen."

...

Auswertung: Das Beispiel zeigt, dass die relevanten Antworten häufig erst nach der dritten oder vierten Frage erfolgen. Viele Kandidaten neigen dazu, erst einmal im Allgemeinen zu sprechen – nicht aber von konkreten Ergebnisbeiträgen. In dem beschriebenen Beispiel hören sich die ersten Sätze des Bewerbers recht professionell an. Erst die Antworten im Hinblick auf Ziele und Messgrößen lassen erkennen, wie der Kandidat seine Rolle auffasst und welche Ansprüche er an sich und seine Aufgabe stellt. Der Interviewer geht hier wertschätzend mit den Antworten des Bewerbers um und konfrontiert nicht aussagekräftige beziehungsweise im Hinblick auf die Anforderung unzulängliche Antworten nicht. Und das aus gutem Grund. In dieser Phase wollen wir verstehen, in welcher Liga unser Kandidat spielt – wie er seine Aufgabe und Rolle versteht, welche Ziele er sich setzt und an welchen Messgrößen er seinen Erfolg festmacht. Der hier beschriebene Kandidat käme für manche verantwortungsvolle Rolle als Zentral-Einkaufsleiter, der Einkaufsaktivitäten der Vertriebslinien koordinieren soll und ein Team aufbauen soll, wahrscheinlich (noch) nicht in Frage, da seine Antworten zu wenig Klarheit im Hinblick auf Ziele, messbare, strategische oder operative Ergebnisse zeigen und sein Anspruchsniveau im Hinblick auf die Erfüllung der Aufgaben zu niedrig erscheint. Aber natürlich ist an dieser Stelle des Interviews noch nichts entschieden. Wir erhalten erste Hypothesen, die hier in die Richtung von eher durchschnittlich ausgeprägter Ambition, eher durchschnittlicher Ziel- und Ergebnisorientierung und eher (unter-?)durchschnittlichem Führungsimpuls liegen. Über die Klärung von Erfolgen, umgesetzten Aktionen und Entscheidungen lassen sich die Vorab-Hypothesen nun im weiteren Verlauf des Interviews prüfen – und unter Umständen noch einmal revidieren.

Es sind vor allem die kurzen, präzisen, aber aufeinander aufbauenden Fragen, die zu informativen Antworten führen können. Es besteht immer das Risiko, zu Beginn eines Einstellungsinterviews zu sehr in die Tiefe zu gehen und jedes Detail erfragen zu wollen. Das kann dazu führen, dass Sie nach vielen Fragen eine Menge über die Aufgabe wissen, die der Kandidat momentan zu bewältigen hat, aber so gut wie nichts über die Stärken und Entwicklungsfelder, die er bei der Erledigung dieser Aufgabe zeigt.

Viel wichtiger ist es an dieser Stelle zu erfassen, in welcher „Liga" der Kandidat spielt: seine Rolle und die Bandbreite der wichtigen Aufgaben und Projekte zu begreifen, erste Eindrücke vom Umfang der übertragenen Verantwortung zu gewinnen und vor allem herauszufinden, wie er diese Verantwortung ausfüllt. Logistiker, Einkäufer, Entwickler, Personaler oder Controller können je nach Unternehmen (Mittelständler oder Konzern, internationales Unternehmen mit zentralen oder dezentralen Strukturen, linien- oder matrixstrukturdominiertes Unternehmen etc.) bei gleicher Positionsbezeichnung mit komplett unterschiedlichen Aufgaben, Budgets, Mitarbeiterspannen und Leistungserwartungen betraut sein.

B.   Vorlieben und Abneigungen

Die nächste Frage liefert Hinweise auf das, was der Kandidat wahrscheinlich besonders gut beherrscht:

■ „Welche drei Aspekte Ihrer jetzigen Funktion mögen Sie am liebsten?" Und weiter: „Was genau ist es, was Ihnen daran Freude macht?" In aller Regel machen Menschen die Dinge, die Sie besonders gern tun, auch gut – und umgekehrt.

Natürlich sind Kandidaten zurückhaltend, wenn sie Jobinhalte benennen sollen, die sie nur ungern erledigen. Vielleicht mit der Ausnahme „Administration", deren Ablehnung noch am ehesten gesellschaftlich akzeptiert wird. Also ist es wichtig, so geschickt nachzufragen, dass der Kandidat selbst eine offene Antwort akzeptabel findet. Fragen Sie also lieber nicht direkt: „Was machen Sie in Ihrer jetzigen Aufgabe nicht so gern?"

■ Zielführender ist die Formulierung: „In jeder Aufgabe gibt es Inhalte, die wir gern erledigen. Die haben Sie mir gerade genannt. Und es gibt Dinge, die man nicht unbedingt bräuchte, um glücklich zu sein. Welche zwei, drei Dinge sind das am ehesten bei Ihnen?"

Zu diesem Zeitpunkt haben Sie – anders als meist üblich – die einzelnen Aspekte der zu besetzenden Aufgabe noch nicht erläutert. Deshalb ist die Antwort des Kandidaten von sehr hohem Aussagewert, insbesondere seine Begründung.

Häufig heißt es: „Ich sitze ungern in Runden, in denen keine klaren Entscheidungen getroffen werden." Jetzt ist es Ihre Aufgabe herauszufinden, woher diese Abneigung kommt. Fehlt dem Kandidaten die Fähigkeit, Einfluss auf die Teilnehmer einer solchen Sitzung zu nehmen und die notwendigen Entscheidungen herbeizuführen? Liegt es daran, dass die Unternehmenskultur solche Entscheidungen erst später in anderen Gremien vorsieht? Oder hat der Kandidat Schwierigkeiten, anderen zuzuhören?

Um die wirklichen Themen des Kandidaten herauszufiltern, können Sie beispielsweise fragen:

■ „Ich kann gut verstehen, dass Sie so etwas nicht gerade begeistert. Sind es spezielle Sitzungen, in denen das häufiger vorkommt? Und wo und wann wird dann in Ihrer Organisation entschieden?"

■ Oder: „Was ist es, das Sie in solchen Situationen schon mal ein wenig irritieren kann? (Antwort abwarten) … Und wie versuchen Sie, in der Sitzung Einfluss zu nehmen?"

C.   Erfolge und Herausforderungen

Um herauszufinden, wie der Kandidat vorgeht und wie klar und reflektiert er Situationen beschreiben kann, fragen Sie ihn nach den Erfolgen, die ihn in seiner jetzigen Aufgabe besonders herausgefordert haben. Wie ehrgeizig war er in seiner Zielsetzung und wie genau hat er geplant? Inwieweit hat er andere in die Lösung miteinbezogen? Wie kam er mit zwischenzeitlichen Rückschritten zurecht? Wie zufrieden und selbstkritisch ist er mit dem Ergebnis umgegangen? Und wie sah das Ergebnis in Zahlen, Daten und Fakten aus? Mit der oben dargestellten STAR-L-Methode können Sie sehr konkret nachfragen (siehe Kapitel 4.3.4):

Aus der Praxis

Interviewer: „Bitte denken Sie an zwei Erfolge, die Sie in Ihrer jetzigen Aufgabe erzielt haben, die Sie ganz besonders und über das normale Maß hinaus gefordert haben. Welche beiden waren das?"

Kandidat: „Das war zum einen die Übernahme der Filiale vor zwei Jahren und zum anderen die Mitarbeit an dem neuen Konzept zur strukturierten Kundenbedarfsanalyse, das überregional für alle Kunden- und Anlageberater eingeführt wurde."

S (Situation) =

Interviewer: „Lassen Sie uns mit der Übernahme der Filiale beginnen. Welche Situation haben Sie vorgefunden? Was war die Herausforderung?"

Kandidat: „Die Mitarbeiter waren unzufrieden und verschüchtert, die Kundenfluktuation war hoch und die Umsatzzahlen gingen deutlich zurück."

T (Target/Ziel) =

Interviewer: „Ich verstehe. Das hört sich nach einer großen Herausforderung an. Was wollten Sie in dieser schwierigen Situation erreichen?"

Kandidat: „Nun, alle drei Themen wollte ich so schnell wie möglich verbessern. Meine Mitarbeiter sollten wieder so engagiert arbeiten, wie ihnen das vom Potenzial her eigentlich auch möglich war. Ich wollte endlich wieder Kundenwachstum schaffen. Und die Filiale sollte eine bessere Zielerreichung schaffen als unsere Nachbarfilialen."

Interviewer: „Wie genau sahen Ihre Ziele zu diesen drei Themen aus?"

Kandidat: „Ich habe eine Kurzbefragung meiner Mitarbeiter eingeführt. Und mein Ziel war es, in der Bewertung von minus 3 auf plus 2 zu kommen. Anstelle einer Kundenfluktuation von 10 Prozent haben wir uns vorgenommen, im ersten Jahr ein Kundenwachstum von 5 Prozent zu erreichen. Und wir wollten anstelle von 79 Prozent Zielerreichung auf 100 Prozent kommen."

A (Action/Verhalten) =

Interviewer: „Was genau haben Sie gemacht, um diese Ziele zu erreichen?"

Kandidat: „Als Erstes haben wir uns als Team jeden Tag einmal zusammengesetzt, um alle auftretenden Probleme zu besprechen. Ich habe darüber hinaus mit jedem Mitarbeiter alle zwei Wochen ein Gespräch geführt, in dem es darum ging, welche konkrete Unterstützung ich ihm geben würde. Das hatte es vorher nicht gegeben. Wir haben uns dann vorgenommen, jede Kundenanfrage noch am selben Tag zu beantworten, und sind mit mehr Freundlichkeit in unsere Kundengespräche gegangen. Außerdem haben alle Mitarbeiter ihre Produktkenntnisse durch Trainings verbessert. Letztendlich haben das deutlich gestiegene Mitarbeiterengagement und die erhöhte Kundenzufriedenheit dann dazu geführt, dass wir unsere Ziele erreichen konnten. Das erste Mal in dieser Filiale seit sechs Jahren."

R (Result/Ergebnis) =

Interviewer: „Und wie sahen die Ergebnisse, die Sie mit Ihrem Team geschaffen haben, nach einem Jahr aus?"

Kandidat: „In der Mitarbeiterbefragung haben wir sogar eine plus 3 geschafft, das hat mich sehr gefreut. Das Kundenwachstum haben wir nicht ganz erreicht – das Ergebnis lag bei 1 Prozent. Aber die Zielerreichung haben wir tatsächlich auf 100 Prozent hochgeschraubt."

L (Learnings/Lernerfahrung) =

Interviewer: „Wenn Sie sich dieses erste Jahr in Ihrer neuen Filiale anschauen und was Sie dort mit Ihrem Team geschafft haben – was nehmen Sie daraus mit? Was haben Sie in dieser Zeit gelernt?"

Kandidat: „Dass nichts ohne die Mitarbeiter funktioniert. Und dass ich viel Zeit investieren muss, wenn ich die Mitarbeiter qualifizieren will und sie sich wirklich einbringen sollen. Dass ich sie ganz konkret bei der Bewältigung ihrer Aufgaben unterstützen muss. Und dass ich das vormachen muss, was ich von anderen erwarte."

Auswertung: Hier haben wir wieder viel über den Kandidaten und seine relevanten Kompetenzen und Motive erfahren. Die Aussagen verdeutlichen, dass er Mitarbeiterengagement und -entwicklung (Extroversion, Führungsimpuls) genauso wie anspruchsvolle Zielerreichungen (Gewissenhaftigkeit) im Fokus hat. Er zeigt sich sicher im Umgang mit seinen Zahlen und kann Zielvorgaben genauso wie Erfüllungsquoten benennen (Gewissenhaftigkeit/Ambition). Seine Interventionen sind klar und nachvollziehbar, vor allem auch in ihrer Wirkung auf unternehmerisch relevante Ergebnisse. Es wird deutlich, dass der Kandidat erfolgreich war und in den definierten Anforderungen leicht überdurchschnittliche Ausprägungen aufweist – würde sich das Interview in dieser Qualität fortsetzen, wäre eine Passung zur Anforderung an die Position eines Filialleiters sicherlich gegeben.

Konnte der Kandidat zunächst seine Erfolge vorweisen, ist dies nun ein guter Zeitpunkt, auch nach seinen Misserfolgen zu fragen. Nennen Sie das Kind so direkt beim Namen, erhalten Sie jedoch in den meisten Fällen sehr defensive Antworten. Es ist aber notwendig, auch in Erfahrung zu bringen, was der Kandidat nicht geschafft hat. Fragen Sie daher offener und etwas eleganter:

■ „Jeder trifft in seiner Aufgabe viele verschiedene Entscheidungen. Und mit dem zeitlichen Abstand von einigen Monaten – dann ist man natürlich schlauer – würde man die eine oder andere Entscheidung im Nachhinein anders treffen. Welche zwei Themen aus der letzten Zeit gibt es, die Sie heute etwas anders angehen würden?"

Beim Nachfragen geht es darum zu erfahren, von welchen Annahmen und Informationen der Kandidat ausgegangen ist. Und wie sich diese Annahmen verändert haben. Thema dieser Gesprächsphase ist die Fähigkeit, über eigene Fehleinschätzungen nachzudenken und selbstkritisch dazuzulernen. Die nächste Frage gehört deshalb zu den wichtigsten im gesamten Interview:

■ „Welche drei bis vier Kenntnisse und Fähigkeiten beherrschen Sie heute besser als vor einigen Jahren? Was haben Sie in der letzten Zeit gelernt?"

Alle Studien zu den Themen Leistung und Potenzial kommen zu dem Schluss: Die Fähigkeit, aus Erfahrungen und Situationen zu lernen, entscheidet über den Erfolg von Mitarbeitern und Führungskräften. Die Offenheit für Veränderungen, die Fähigkeit, sowohl Erfolge als auch Misserfolge zu analysieren, und die Kompetenz, die Lehren aus einer Erfahrung zu hinterfragen und auf eine andere Situation anzuwenden, sind der Schlüssel für die Bewältigung von Aufgaben. Andersherum: Wer über diese Fähigkeit nur sehr begrenzt verfügt, wird in seinem Berufsleben immer wieder vor Mauern laufen. Und zwar immer wieder vor dieselben.

Aus der Praxis

Interviewer: „Was haben Sie in den letzten Jahren gelernt? Welche Fähigkeiten beherrschen Sie heute besser als noch vor ein paar Jahren?"

Kandidat: „Ich denke, dass mein Selbstmarketing besser geworden ist."

Interviewer: „Der Begriff Selbstmarketing wird heute ja häufig verwendet. Was verstehen Sie darunter?"

Kandidat: „Heute mache ich mehr auf mich aufmerksam, wenn ich etwas wirklich Gutes geschafft habe. Früher hätte davon im Unternehmen keiner etwas gehört."

Interviewer: „Und was tun Sie, damit andere erfahren, dass sie erfolgreich waren?"

Kandidat: „Ich habe gelernt, vor Gruppen besser zu präsentieren und ich vereinbare auch schon mal Termine mit Mitgliedern der Geschäftsleitung, um sie über den Stand meiner Projekte zu informieren."

Interviewer: „Wenn ich heute eine Präsentation von Ihnen vergleichen würde mit einer, die Sie vor zwei Jahren gehalten haben, welche Veränderungen würden mir auffallen?"

Kandidat: „Ich denke, meine Präsentationen sind besser und ich strahle wahrscheinlich auch mehr Selbstbewusstsein aus."

Interviewer: „Mehr Selbstbewusstsein?"

Kandidat: „Ja, ich weiß heute, dass meine Fachkenntnisse gut sind. Und ich bin auch weniger zurückhaltend, wenn es darum geht, mit höherrangigen Personen in Kontakt zu treten."

Interviewer: „Wie würden Sie Ihre Präsentationsfähigkeit heute einschätzen auf einer Skala von 1 bis 10, 1 bedeutet nicht so ausgeprägt, 10 bedeutet überdurchschnittlich, verglichen mit der Zielgruppe Ihrer Kollegen gleicher Führungsebene?"

Kandidat: „Vielleicht eine 7 bis 8."

Interviewer: „Und noch vor sechs bis neun Monaten?"

Kandidat: „Vielleicht eine 4 bis 5."

Interviewer: „Das ist beachtlich – was haben Sie gemacht, um sich derart zu steigern?"

Kandidat: „ Ich glaube, ich habe es einfach bewusster und häufiger gemacht."

Interviewer: „Verstehe – was glauben Sie, bedarf es, um sich noch einen Punktwert weiter zu entwickeln?"

Kandidat: „Einfach weiter dranbleiben, dann wird das schon!"

Auswertung: Auch hier ist erkennbar, dass die ersten Sätze relativ positiv gedeutet werden können. Aber als der Interviewer in die Tiefe geht, wird erkennbar, dass der Anspruch des Kandidaten an seine eigene Entwicklung noch nicht überzeugt. Das Thema „Lernfähigkeit, Weiterentwicklung" wird trotz klarer Nachfragen nicht deutlich, der Kandidat macht allgemeine Aussagen, sein Verhalten und was er konkret anders macht, analysiert er nicht. Abgesehen von dem Anspruch an die eigene Entwicklung und die Fähigkeit, Lernprozesse effektiv zu gestalten, stellt sich hier die Frage, wie er Mitarbeitern eine Unterstützung in ihrer Kompetenzentwicklung sein kann. Verstärkt sich dieser Eindruck zu den so wesentlichen Potenzialfaktoren Leistungsanspruch/Ambition (Gewissenhaftigkeit) und Lernfähigkeit (Offenheit für neue Erfahrungen) noch im weiteren Verlauf des Interviews, würden wir von einer Einstellung in einer Führungsposition absehen.

D.   Feedback von anderen

Vielen Kandidaten fällt es leichter über ihre Stärken und Entwicklungsfelder zu sprechen, wenn sie die Wahrnehmung anderer schildern. Folglich sollten Sie als nächstes in unserem Interviewfluss in Erfahrung bringen:

■ „Was schätzt Ihr Vorgesetzter besonders an der Zusammenarbeit mit Ihnen?"

■ „Was hat er in Ihrer letzten Beurteilung besonders positiv bewertet?"

■ „Was schätzen Ihre Kollegen an Ihnen?"

■ Und, falls der Kandidat eine Führungskraft ist, natürlich auch:
„Was schätzen Ihre Mitarbeiter an Ihnen und Ihrer Führung?"

Es ist aufschlussreicher, getrennt nach den einzelnen Akteuren zu fragen. Denn sie alle haben einen eigenen Blick und eine eigene Meinung zum Kandidaten. Interessant sind die Übereinstimmungen und auch die Abweichungen. An dieser Stelle erfahren Sie auch, ob es im aktuellen Unternehmen des Kandidaten einen 360-Grad-Feedback-Prozess gibt, in dem Mitarbeiter von allen Seiten (sprich: von oben und von unten) bewertet werden.

Die nächsten Fragen zielen dann schon in Richtung Entwicklungsfelder:

■ „Was würde Ihr Chef sagen: Was könnten Sie in Ihrer Aufgabe ein wenig anders machen? Vielleicht etwas besser machen?"

■ Und: „Was würden Ihre Mitarbeiter Sie bitten, mehr zu tun? Oder weniger? Oder anders?"

Schauen Sie den Kandidaten jetzt weiterhin freundlich an. Legen Sie den Stift, mit dem Sie sich Notizen machen, zur Seite. Damit signalisieren Sie, dass Sie an diesem Teil des Gesprächs interessiert sind und dass das Aufschreiben momentan nicht so wichtig ist. Verstärken Sie den Kandidaten bei allem, was er sagt, mit einem Nicken oder kurzer verbaler Unterstützung wie „das verstehe ich", „hm, ja" und vielleicht mit dem Hinweis: „Lassen Sie sich ruhig einen Moment Zeit."

Sollte der Kandidat noch immer keine Antwort geben, die über „ich werde von anderen als zu ungeduldig erlebt" hinausgeht, kann es sinnvoll sein, noch einmal zum Beginn des Gesprächs zurückzukehren und sich auf den Appell an die Offenheit zu berufen.

Aus der Praxis

Interviewer: „Was sagt Ihr Chef über Sie – was sind die Dinge, die Sie noch ein wenig besser machen könnten?"

Kandidat: „Er würde möglicherweise sagen, dass ich in manchen Situationen noch etwas mehr Geduld zeigen sollte."

Wir schauen den Kandidaten weiter freundlich an und stellen die nächste Frage:

Interviewer: „Welche Situationen meint er damit?"

Kandidat: „Manchmal gehen mir die Dinge nicht schnell genug. Beispielsweise wenn uns Kollegen aus anderen Abteilungen Zusagen machen und sie dann nicht einhalten."

Interviewer: „Das ist Ihnen sicher schon passiert – wie mir auch. Wie haben Sie reagiert?"

Kandidat: „Ich habe darauf aufmerksam gemacht, was bei einer Verzögerung auf dem Spiel steht."

Interviewer: „Und wie haben Sie das getan?"

Kandidat: „Erst freundlich, und als das nichts genutzt hat, habe ich es sehr deutlich gesagt."

Interviewer: „Sehr deutlich?"

Kandidat: „Nun ja, ich bin zum Leiter der anderen Abteilung gegangen und habe ihn über die Verschiebung informiert. Er wusste das gar nicht und war dann sehr ungehalten, dass dieser Fehler passiert ist."

Interviewer: „Und dann?

Kandidat: „Einige Kollegen aus der anderen Abteilung hätten es wohl besser gefunden, wenn ich erst mit ihnen gesprochen hätte."

Auswertung: Allgemeinplätze, wie hier Ungeduld, können nur durch gezieltes, beharrliches Nachfragen in ihrer Bedeutung und Auswirkung auf die persönlichen Anforderungen verstanden werden. Handelt es sich hier um eine junge Nachwuchskraft und stellt der Job durchschnittliche Anforderungen an Organisationssensitivität und Konfliktfähigkeit, reicht uns unter Um-

> *ständen die hier gezeigte Fähigkeit des Kandidaten, sein Verhalten reflektieren zu können. Falls es dann noch ausreichend Hinweise und Belege für eine gute Lernfähigkeit und Verhaltensflexibilität gibt, wäre das hier aufgeführte Entwicklungsfeld wahrscheinlich kein Ausschlusskriterium. Anders bei einem Kandidaten für eine Senior-Führungsposition mit entsprechend koordinierender Schnittstellenfunktion – da würden wir die Anforderungen an Extroversion im Sinne von Führungsimpuls, direkter Konfliktbewältigung und Einflussnahme sicherlich höher ansetzen.*

Häufig antworten Kandidaten auch nicht mit dem Feedback, das sie von anderen erhalten, sondern mit ihrer eigenen Einschätzung. Dann müssen Sie noch einmal gezielter nachhaken, denn die Selbsteinschätzung wird erst in einer späteren Phase thematisiert.

E. Lernerfahrungen

Nun soll der Kandidat darstellen, was er in den letzten Jahren gelernt hat, anders formuliert: Was er heute besser kann als zuvor. Das ist entscheidend, da sich zwei der sehr wesentlichen Potenzialfaktoren, die Ausprägung von Ambition – also ein hoher Leistungsanspruch – und Veränderungsfähigkeit, kaum treffender identifizieren lassen als genau hier, an dieser Stelle des Interviews. Sie haben bisher ausführlich mit dem Kandidaten über seine Rolle, Verantwortungen und Aufgaben gesprochen, haben erfahren, was er dabei besonders gerne macht und was weniger, was er als seine größten Erfolge und Herausforderungen betrachtet und welches Feedback er von anderen zu sich und seinen Leistungen bekommen hat. Wenn Sie ihn jetzt bitten, einmal die letzten sechs, neun oder zwölf Monate zusammenzufassen und zu beschreiben, was er heute besser kann als noch vor dieser Zeit, erfahren Sie, mit welcher Einstellung und welchem Anspruch er seine Aufgaben erfüllt. Vor allem finden Sie heraus, wie stark er motiviert ist, seine Arbeit morgen vielleicht noch ein wenig besser zu machen als heute. Ist er offen dafür, sein Verhalten, seine Kompetenz und sein Engagement an sich verändernde Unternehmens-, Kunden-, Markt-, Team- und Mitarbeiterbedürfnisse anzupassen? Und kann er das auch in bessere Leistungen und Ergebnisse umsetzen? Die Bereitschaft dazuzulernen hat nichts mit der Motivation zu tun, Bücher zu studieren – hier geht es um das Bestreben, besser zu werden in dem, was man tut – völlig unabhängig von Karriereambitionen. Dieses Bestreben werden Sie beim ungelernten Arbeiter ebenso finden wie beim studierten Experten oder Manager. Und mit solchen Mitarbeitern können Sie Ihre Zukunft gestalten.

Ob Ihr Kandidat diese Motivation mitbringt, erfahren Sie mithilfe der einfachen und klaren Frage: „Wenn Sie sich die letzten zwölf Monate seit der Übernahme der Teamleiter-Rolle anschauen, was sind die zwei oder drei Dinge, die Sie heute besser können – vielleicht effektiver machen – als noch vor einem Jahr?" Vielleicht wollen Sie die Antwort noch vertiefen, indem Sie sich mit ein oder zwei weiteren Fragen erklären lassen, was genau er wie gelernt hat. Wenn Sie dabei herausfinden, dass Ihr Kandidat sich selbst immer die Leistungsanforderung höher setzt und sich selbst proaktiv Situationen schafft, um besser zu werden, sollte sich das Gespräch in eine sehr positive Richtung entwickeln.

Bleibt es – auch nach Rückfragen – bei allgemeinen und nichtssagenden Sätzen wie: „Bin halt besser geworden …", oder zeigen die Aussagen womöglich, dass Lernen für ihn gar kein Wert oder Ziel ist („Ich mache meine Aufgaben heute genauso gut wie vor drei Jahren"), dann sollte man sich wohl bei den meisten zu besetzenden Positionen eher zu einem freundlichen Abschluss des Gespräches entschließen – ohne Folgetermine.

Ihnen stehen eine ganze Reihe verschiedener Fragen und Variationen zur Verfügung, um an die gewünschten Informationen zu gelangen. Eine ausführliche Übersicht möglicher Formulierungen zu den einzelnen Kernkompetenzen finden Sie im Anhang.

4.4.3 Lebenslaufanalyse II: Ausgewählte Fragen zu vorherigen Jobs, Aus- und Weiterbildungen

An dieser Stelle analysieren Sie offene Fragen, eventuelle Unstimmigkeiten und Hypothesen, die Sie während der Lebenslaufanalyse bei der Vorbereitung auf diesen Termin notiert haben (siehe Kapitel 2, Der Einstellungsprozess) – oder auch während der Lebenslaufanalyse I und den notierten Einschätzungen. Sie können ausgewählte Fragen zu einzelnen beruflichen Stationen stellen, zum Beispiel nach ein bis zwei Erfolgen bei einer weiteren beruflichen Station, oder nach Zielen und Lernerfahrungen in diesen Lebensphasen. Ebenso können Sie auf Zeiten der Ausbildung oder des Studiums eingehen oder Wechselmotivationen etwas genauer hinterfragen. Auswahlsituationen, wie die Ausbildungs-, Studiums-, Unternehmens- oder Jobwahl sind wichtig, da sich hier in der Regel die stärksten Motive durchsetzen – auch gegen rationale Überlegungen. Ob bei den lebensrelevanten Entscheidungen letztlich das Bedürfnis nach Sicherheit, Status, Macht, Entwicklungschancen oder Zugehörigkeit dominiert, ist bedeutsam im Hinblick auf die Frage, woher die Energie kommen kann, sich auch in schwierigen Zeiten zu engagieren. Oft können Sie die Bedeutung der genannten Motive oder Hintergründe von Entscheidungen in ihrer Relevanz für die zu besetzende Stelle verstehen, wenn Sie ein oder zwei Fragen darauf verwenden, was die Alternative(n) gewesen wäre(n) und was letztendlich den Ausschlag für oder gegen eine Entscheidung gegeben hat. Allerdings sollten Sie auch hier Warum-Fragen vermeiden und anstelle von: „Warum haben Sie damals den Wechsel vollzogen?", besser formulieren: „Was hat Sie damals bewogen, das Unternehmen zu wechseln?"

Viele Interviewer verfolgen – oft unbewusst – einen defizitären Ansatz und sind fixiert auf das Aufspüren von Mängeln und Unzulänglichkeiten bei den Kandidaten. In solchen Fällen interpretieren sie Gesagtes zu schnell negativ, ohne die Fakten dazu entsprechend zu erfragen. Das beeinflusst insbesondere diesen Fragenkomplex. Immer wieder wird vermutet, dass ein Arbeitsplatzwechsel nicht ganz freiwillig erfolgte. Das ist zwar in manchen Fällen eine berechtigte, aber bei weitem nicht immer zutreffende Annahme, die unbedingt überprüft werden muss.

Aus der Praxis

Interviewer: „Was hat Sie damals bewogen, das Unternehmen zu verlassen?"

Kandidat: „Die wirtschaftliche Entwicklung war nicht mehr ganz so gut, meine berufliche Perspektive wurde dadurch nicht besser. Und dazu kam noch ein neuer Vorgesetzter, mit dem die Zusammenarbeit eine wirkliche Herausforderung war."

Interviewer: „Worin bestand die Herausforderung in der Zusammenarbeit mit ihm?"

Kandidat: „Er wollte so gut wie alles selbst entscheiden, er hat jede Woche Kontrollgespräche durchgeführt und er hat auf meine Vorschläge und die von anderen Kollegen sehr ablehnend reagiert."

Interviewer: „Und wie sind Sie damit umgegangen?"

Kandidat: „Mir war sehr schnell klar, dass wir beide nicht zusammenkommen würden. Und ich habe dann schnell nach neuen Möglichkeiten gesucht."

Auswertung: Für einen sehr leistungsmotivierten und karriereambitionierten Menschen, der es gewohnt ist selbstständig zu arbeiten und zu entscheiden, sind solche Führungskräfte – und wir alle wissen, dass es sie tatsächlich gibt – ein berechtigter Grund, die Arbeitsstelle zu wechseln. Und wenn er wirklich gut ist, scheut er auch keinen Wechsel, da er sich sicher ist, etwas zu finden, was ihn weiterbringt und wo er seine Fähigkeiten besser in relevante Ergebnisse und Entwicklungen für das Unternehmen umsetzen kann.

4.4.4 Selbsteinschätzung: Stärken/Entwicklungsfelder

Die Phase der Selbsteinschätzung können Sie beispielsweise mit den folgenden Worten einleiten:

- „Sie haben mir bereits berichtet, wie andere Sie einschätzen. Und wo sehen Sie selbst Ihre fünf größten Stärken?"

Jetzt kommt es sehr darauf an, was der Kandidat an erster und zweiter Stelle nennt, denn dies sind höchstwahrscheinlich die aus seiner Sicht bedeutsamsten eigenen Kompetenzen. Manchmal stocken Kandidaten nach der zweiten oder dritten Stärke. Dann ist es hilfreich zu sagen „Sie werden noch über viel mehr Stärken verfügen. Welche sind das?" Natürlich helfen Filterfragen, die Stärken zu konkretisieren.

Der schwierigere Teil dieser Phase liegt in der Frage nach den Entwicklungsfeldern:

- „An welchen zwei bis drei Feldern arbeiten Sie, um noch ein wenig besser zu werden?" Diese Formulierung fordert zu umfassenderen Antworten auf als eine Frage nach „Schwächen".

- Sollte trotzdem nichts Substanzielles vom Kandidaten kommen, müssen Sie nachfragen. „Es gibt immer Dinge, die wir an uns gerne ändern würden. Das wird sicher auch bei Ihnen so sein. Welche Themen sind das?"

Auch hier gilt: Ist es Ihnen bis jetzt gelungen, eine offene und entspannte Atmosphäre zu schaffen, so ist die Wahrscheinlichkeit hoch, Relevantes vom Kandidaten zu hören.

Aus der Praxis:

Einmal haben wir einen Kandidaten interviewt, der überhaupt keine Entwicklungsfelder nennen wollte. Wir haben ihm sehr freundlich und mit einem Lächeln gesagt, dass er der erste Interviewpartner in mehr als 25 Jahren sei, dem zu diesem Thema keine Antwort einfallen würde. Danach kamen seine Antworten.

4.4.5   Zukunftsperspektive

Jetzt bleibt noch die Frage nach den beruflichen Wünschen und Zielen für die Zukunft. Diese könnten Sie in etwa so formulieren:

■ „Wenn Sie allein darüber bestimmen dürften: Was würden Sie in zwei bis drei Jahren am liebsten beruflich machen?"

■ „Wie viel Ihrer Zeit und Ihres Engagements würden Sie gerne für welche Aufgaben aufwenden?"

■ „Was bräuchten Sie dann vielleicht nicht mehr oder weniger tun?"

Dabei finden wir heraus, ob der Kandidat überhaupt Vorstellungen von seiner Zukunft hat und wo seine wirklichen Präferenzen liegen. Hier gilt es wieder, sehr genau hinzuhören. Es gibt Kandidaten, die scheinbar sehr konkrete Visionen von ihrer zukünftigen Entwicklung haben – „… in zwei bis drei Jahren möchte ich eine erste Führungsposition übernehmen und in zehn Jahren würde ich gern in der Geschäftsführung angekommen sein …" Doch wie klar sind seine Vorstellungen von Führungsarbeit und ihren Anforderungen, wie stark ist sein Motiv, wirklich nach ganz oben zu kommen? Vielleicht will der Kandidat – womöglich unter dem Eindruck des letzten Bewerbungshandbuchs – nur deutlich machen, dass er Ehrgeiz besitzt.

Aus der Praxis

Einmal sprachen wir mit einem Kandidaten, den wir als Backup für eine Führungsposition einstellen wollten. Als in seinem Bild der nächsten Jahre das Thema Mitarbeiterführung gar nicht vorkam, haben wir noch einmal nachgedacht. Und uns dann – auch aus anderen Gründen – für einen anderen Kandidaten entschieden.

Diese Phase des Einstellungsinterviews eignet sich nicht nur, um die Motive des Kandidaten noch einmal besser zu verstehen (Was treibt ihn an? Was ist wichtig für ihn?), sondern auch, um seine Erwartungen zu klären:

■ „Nehmen wir an, Sie würden bei uns in der besprochenen Funktion anfangen. Was erwarten Sie von uns, was können wir dazu beitragen, dass Sie einen erfolgreichen Start haben und Ihre Ziele für die Zukunft realisieren können?"

■ Dann lassen Sie den Kandidaten antworten und schließen die Frage an: „Was setzen Sie auf Ihre Agenda, um sicherzustellen, dass Sie Ihre Ziele für die Zukunft erreichen? Woran arbeiten Sie vielleicht jetzt schon, um das sicherzustellen?"

Kandidaten, die eine lange Liste an Trainings aufzählen, die sie erwarten, daneben aber wenig Ideen haben, was sie selbst zur Zielerreichung beitragen wollen, bestätigen an dieser Stelle meist den bereits vorhandenen Eindruck: dass sie nicht zu einer Organisation passen, die Wert auf Selbstverantwortung, Veränderungsfähigkeit und Mitarbeiterentwicklung legt.

Der einfache Schlusssatz: „Gibt es noch etwas, was Sie uns gerne über sich berichten wollen, was wir noch nicht besprochen haben?" hat sich bewährt. Sie erfahren manchmal tatsächlich noch einiges über die Motive, Stärken, Entwicklungsfelder und Erwartungen des Kandidaten und geben ihm außerdem die Möglichkeit, Dinge anzusprechen, nach denen Sie nicht gefragt haben.

4.4.6   Präsentation des Unternehmens

Jetzt müssen Sie Ihr Versprechen, das Sie zu Gesprächsbeginn gegeben haben, einhalten. Sie haben den Kandidaten um Offenheit gebeten, nun sollten Sie ebenso offen über Ihr Unternehmen und die Aufgabe sprechen. Natürlich werden Sie sich als attraktiven Arbeitgeber darstellen. Das bedeutet, dass Sie über die Vorzüge Ihrer Unternehmenskultur genauso sprechen sollten wie über die Qualität Ihrer Mitarbeiter, über die Vorteile Ihrer Produkte und Dienstleistungen im Vergleich zum Wettbewerb ebenso wie über die Zukunftsaussichten Ihrer Organisation. Ein guter Kandidat wird sich vor dem Interview schon eingehend mit Ihrem Unternehmen auseinandergesetzt und ein erstes Bild über Ihre Stärken und Entwicklungsfelder gemacht haben.

Ein erstklassiger Kandidat weiß aber auch, dass es in jedem Unternehmen Licht und Schatten gibt. Und er möchte über beide Seiten etwas erfahren. Dazu haben Sie sich am Anfang mit Ihrem Appell an die Offenheit verpflichtet, jetzt halten Sie es auch ein und sprechen über Dinge, die Sie als Organisation noch besser machen können. Der Kandidat wird das schätzen.

Der Hauptgrund für den erschreckend hohen Prozentsatz an nicht erfolgreichen Einstellungen ist, dass sich Erwartungen nicht erfüllen. Deshalb ist es wichtig, zu diesem Zeitpunkt auch die weniger reizvollen Teile der Aufgabe anzusprechen, um unrealistische Erwartungen zu mindern. Und damit die Wahrscheinlichkeit zu erhöhen, dass diese Einstellung ein Erfolg wird.

Jetzt hat auch der Kandidat die Möglichkeit, seine Fragen zu Unternehmen und Aufgabe zu stellen. Je besser und je motivierter der Kandidat ist, desto mehr Fragen wird er mitbringen. Und je klarer und verständlicher Ihre Antworten ausfallen, desto größer ist die Wahrscheinlichkeit, dass sich der Kandidat am Ende für Sie entscheidet.

4.4.7   Arbeitskonditionen

Gegen Ende des Interviews sind noch ein paar wichtige Dinge zu klären – falls diese nicht schon im Vorfeld besprochen oder in der Stellenausschreibung angegeben wurden – die einer Einstellung im Wege stehen könnten:

- ■ Wie hoch ist die offene Stelle dotiert?
- ■ Welche Gehaltswünsche hat der Kandidat?
- ■ Welche Konditionen gibt es für einen möglichen Umzug?
- ■ Wann könnte der Kandidat die Stelle antreten?
- ■ Wie sieht die Einarbeitung aus?
- ■ Welche Perspektiven kann der Kandidat erwarten, wenn er sich bewährt?

4.4.8   Abschluss und Feedback

Manche Kandidaten bitten am Ende des Interviews um ein Feedback. Darauf sollten Sie vorbereitet sein: Wollen Sie ein solches Feedback geben? Können Sie das überhaupt schon leisten, bevor Sie sich als Interviewer miteinander abgestimmt haben?

Bei sehr starken Kandidaten, die Ihre Anforderungen überdurchschnittlich erfüllen und für die Sie im Lauf des Interviews kein K.O.-Kriterium identifiziert haben, sollten Sie eindeutige Signale senden. Sie sollten ihnen zeigen, wie positiv Sie das Gespräch erlebt haben und wie sehr Sie an einer raschen Fortsetzung der Gespräche interessiert sind.

Grundsätzlich gilt allerdings, dass nicht direkt im Anschluss an das Interview Feedback gegeben werden sollte. Schließlich haben Sie strukturiert gefragt und Notizen gemacht. Eine professionelle Auswertung ist folglich nicht in ein paar Sekunden zu bewerkstelligen. Das lässt sich auch dem Kandidaten gegenüber leicht erklären: „Sie werden Verständnis haben, dass wir eine Entscheidung dieser Tragweite – im beiderseitigen Interesse – wohlbedacht fällen wollen. Wir möchten uns daher jetzt Zeit für die Auswertung nehmen. Und natürlich ist es auch uns ein Anliegen, zeitnah mit Ihnen über das heutige Gespräch zu reden ..." Teilweise können Sie auch auf weitere Gespräche verweisen, die Sie noch führen werden. Auf jeden Fall vereinbaren Sie hier, wann Sie telefonieren, um weitere Schritte abzustimmen.

4.4.9 Nachbereitung: Entscheidung der Interviewer

Beide Interviewer haben während des Gesprächs Fragen gestellt, Notizen gemacht, Hypothesen gebildet und Eindrücke gewonnen – jetzt müssen sie sich entscheiden. Passt der Kandidat zum Anforderungsprofil? Passt er in die Unternehmenskultur? Bringt er die Organisation weiter? Hebt seine Einstellung die Messlatte nach oben? Wie werden die Kollegen auf ihn reagieren?

All das muss jetzt besprochen werden, indem die Interviewer ihre konkreten Eindrücke und Intuitionen zusammentragen. Das sollte schnell geschehen, um möglichst rasch Zusagen machen zu können.

Aus der Praxis

In einer ganzen Reihe von Interviews, in denen uns ein Kandidat sehr überzeugt hat, haben wir ihn am Ende gebeten, außerhalb des Besprechungsraums Platz zu nehmen. Wir haben uns abgesprochen, das Anforderungsprofil und die Qualitäten des Kandidaten verglichen. Und dann konkret das Angebot gemacht, ihn einzustellen. Mit einem Vertrag, den wir ihm mit nach Hause gegeben haben. Das hat alle Kandidaten bisher sehr beeindruckt. Leistungs- und potenzialstarke Kandidaten wissen meist, wie gut sie sind, in der Regel liegen ihnen mehrere Angebote vor. Da kann Reaktionsgeschwindigkeit ein Wettbewerbsvorteil sein.

Fazit

- Jedes Interview ist nur so gut wie seine Vorbereitung. Schauen Sie sich die Unterlagen des Kandidaten genau an. Notieren Sie Punkte, die Sie herausfinden wollen und überlegen Sie Fragen, die Sie darauf bringen. Klären Sie die Rollen zwischen den Interviewern ab.

- Achten Sie darauf, dass Sie das Interview nicht viel kürzer als 60 Minuten und nicht viel länger als 90 Minuten lang führen.

- Zeigen Sie Ihrem Gegenüber Ihre Wertschätzung. Die Atmosphäre des Interviews bestimmt in hohem Maß, welche Informationen Sie vom Kandidaten erhalten.

- Beginnen Sie mit dem Appell an Offenheit. Es wird sich lohnen.

- Achten Sie auf eine Verteilung der Gesprächsanteile Kandidat:Interviewer von ungefähr 85:15.

- Halten Sie sich an die Interviewstruktur. Sie wird Ihnen das Vorgehen erleichtern und stellt sicher, dass Sie wirklich alle relevanten Fragen stellen. Außerdem erleichtert sie den Vergleich von mehreren verschiedenen Interviews.

- Stellen Sie offene Fragen. Und stellen Sie Handlungsfragen. So erhalten Sie die aussagekräftigsten Antworten.

- Fragen Sie konkret nach Zahlen, Daten und Fakten. Sie wollen schließlich den Kandidaten einstellen, der am besten zu Ihrem Unternehmen passt. Und dazu müssen Sie seine Erfolge kennen.

- Haken Sie nach. Erst wenn Sie die Antworten verstanden haben, gehen Sie zum nächsten Fragenkomplex über. Denken Sie daran, dass Sie am Ende des Interviews die fünf relevanten Stärken und Entwicklungsfelder des Kandidaten kennen wollen. Und die erfahren Sie nur, wenn Sie nachhaken.

- Unterbrechen Sie die Kandidaten, die Ihnen zu viele Informationen anbieten. Sie wollen auf des Pudels Kern kommen, dazu müssen Sie manches Gegenüber bremsen.

- Denken Sie immer daran, dass Sie der Chef im Ring sind. Ein sehr zugewandter, freundlicher Chef, der bestimmt, wie das Interview abläuft.

- In den wenigsten Fällen werden Sie sofort nach dem Interview sagen können, ob Sie den Kandidaten einstellen wollen oder nicht. Wie Sie Ihre Notizen auswerten und zu einer Entscheidung gelangen, erfahren Sie im nächsten Kapitel.

5 Die Entscheidung: So treffen Sie sichere Potenzialaussagen

Nun ist er da, der Moment, in dem Sie sich entscheiden müssen. Sie haben ausführlich analysiert, was für eine Person Sie suchen und welche Kompetenzen und Fähigkeiten sie mitbringen soll. Sie haben eine Reihe von Interviews geführt und viele Fakten, Eindrücke und Aussagen festgehalten. Welchem der Kandidaten unterbreiten Sie nun ein Angebot? Und welchem nicht? Um diese Entscheidung bestmöglich zu treffen, möchten wir erst einmal bewusst machen, welche Fehler in dieser Phase häufig gemacht werden. Wie etwa einzelne Anforderungen und Kompetenzen überbewertet werden, wie Interviewer nach Zweitausgaben ihrer selbst oder nach der „Eier legenden Wollmilchsau" suchen – um nur einige zu nennen. Derartige Fehler sind zu vermeiden, damit Sie am Ende sagen können: „Wir haben den richtigen Kandidaten an Bord geholt."

In seinem Buch „Was der Hund sah: und andere Abenteuer aus der Welt, in der wir leben" beschäftigt sich der New Yorker Autor und Unternehmensberater Malcolm Gladwell unter anderem mit der Schwierigkeit, andere Menschen zu beurteilen. Er beschreibt eine Studie der Universität von Toledo, für die 98 Probanden von zwei vorher geschulten Interviewern jeweils 15 bis 20 Minuten lang befragt und dabei gefilmt wurden. Anschließend füllten die Interviewer zu jedem Kandidaten einen sechsseitigen Fragebogen aus. Um zu überprüfen, ob sich die alte Weisheit bewahrheitet, dass nach dem Händeschütteln bei der Begrüßung bereits ein Urteil steht, wurden die ersten 15 Sekunden des Interviews – Händeschütteln inklusive – ungeschulten Fremden vorgeführt. Diese wurden ebenfalls gebeten, eine Beurteilung abzugeben. Das überraschende Ergebnis: Die Einschätzung der Fremden und der geschulten Interviewer stimmte zu großen Teilen überein. Nach nur 15 Sekunden waren die Vorhersagen der Beobachter von der Straße bei neun von elf Dimensionen zutreffend.

Aus der Studie zieht Gladwell die Erkenntnis, dass Menschen offensichtlich über eine Form von „prärationalen" Fähigkeiten verfügen. Sie ermöglicht ihnen, andere Menschen in bestimmten Zusammenhängen einschätzen zu können. Aber ist dann nicht alles, was wir und andere über das Thema Interview geschrieben haben, hinfällig? Genügt es, andere Menschen ein paar Sekunden lang zu beobachten, um zu erkennen, ob sie geeignete Kandidaten für unsere offene Position sind? Nein, es genügt definitiv nicht. Denn die ersten Eindrücke, sagt Gladwell ebenfalls, mögen mit den Eindrücken übereinstimmen, die in den 20-Minuten-Interviews gewonnen wurden. Aber es sind eben nur Eindrücke. Und die reichen für eine professionelle Auswahl von Kandidaten nicht aus. Daher besitzen zu kurz geratene, etwa 20-minütige Interviews nur eine sehr eingeschränkte Aussagekraft.

Zum Abschluss dieser thematischen Ausführungen beschreibt Malcolm Gladwell eine Begegnung mit Justin Menkes, einem Personalberater aus Pasadena. Menkes zeigt ihm, dass er nicht an generellen Aussagen über einen Kandidaten interessiert ist. Vielmehr will er in seinen strukturierten Interviews herausfinden, wie Kandidaten unter bestimmten Umständen spezifische Kompetenzen zeigen – oder nicht zeigen. Er verzichtet also auf den Anspruch, ein absolutes Urteil über den Kandidaten zu treffen.

Genau das unterscheidet die professionellen Interviewer von den Ungeschulten. Letztere verwechseln Einstellungsinterviews schon mal mit einer Art „desexualisierter Verabredung": Als hofften sie, einen neuen Freund oder eine Freundin zu gewinnen, suchen sie nach Menschen mit gleicher Wellenlänge, ähnlichen Werten und gegenseitiger Sympathie, während es tatsächlich um eine logische Entscheidung über die spezifische Eignung für eine spezifische Aufgabe geht.

Um eine gute Einstellungsentscheidung zu treffen, bedarf es zunächst einer guten Vorauswahl der Kandidaten, einer sorgfältigen Vorbereitung und einer passenden Struktur für das Interview. Doch selbst wenn Sie bis zu diesem Zeitpunkt alles vorbildlich gesteuert haben: Es kann immer noch zu einer falschen Entscheidung kommen. Und genau das passiert – wie wir gesehen haben – in beinahe der Hälfte aller Neueinstellungen im Führungsbereich. Woran genau scheitern die Verantwortlichen so oft? Und wie können Sie selbst es besser machen?

5.1   Trugschlüsse und Zerrbilder erkennen und entmachten

Eine sachlich neutrale, ungefilterte Wahrnehmung gibt es im zwischenmenschlichen Bereich nicht. Deshalb ist es unerlässlich, dass Sie sich die individuelle Art und Weise bewusst machen, wie Sie selbst Informationen aufnehmen, Eindrücke verarbeiten und vor allem, nach welchen Kriterien Sie spontan Erlebtes und Gehörtes als „positiv" oder „kritisch" bewerten. Gerade bei der Einstellungsentscheidung kommt es darauf an, dass Sie Ihr Urteil von Ihren lebensgeschichtlich geprägten Präferenzen distanzieren können und sich auf die aktuellen, relevanten Kriterien konzentrieren – also auf die Anforderungen der Organisation und des Jobs.

5.1.1   Selektive Wahrnehmung und subjektive Urteilsfindung

Die menschliche Wahrnehmung ist immer selektiv, das heißt, sie filtert grundsätzlich aus der Fülle des Wahrnehmbaren das ihr jeweils relevant Erscheinende aus. Diese – unbewusste – Selektion ist überlebensnotwendig: Sie reduziert Komplexitäten und die Flut an Eindrücken und Reizen, anderenfalls würde sich das menschliche Gehirn kurzschließen, oder zumindest handlungs- und entscheidungsunfähig werden. Das bedeutet aber auch, dass Situationen, Menschen, Informationen und natürlich auch das gesprochene Wort immer durch den Filter subjektiver Erfahrungen und Erwartungen geprägt aufgenommen werden und auch nachträglich dementsprechend verarbeitet und erinnert werden. Etwas zu erinnern gelingt auch leichter, wenn das zu Erinnernde bereits Bekanntem oder Ähnlichem zugeordnet beziehungsweise in schon vorhandene Kategorien und die sogenannten „Schubladen" gesteckt werden kann. Wahrnehmungen, die zu bereits vorhandenen Erfahrungen passen, werden leichter aufgenommen als solche, die den bisherigen Erfahrungen widersprechen.

Vor allem ungeübte Interviewer trennen die Beobachtung und Aufnahme von Informationen kaum von deren Beurteilung, unreflektiert bewerten und speichern sie Gesagtes als „gut" oder „schlecht". Ihre individuellen Werte, Erfolgsrezepte und emotionalen Glaubenssätze fließen maßgeblich in die Bewertung der Eindrücke über den Kandidaten ein – der rationale Blick auf die Anforderungen geht dabei zumindest zum Teil verloren. Interviewer, die sehr viele Menschen befragt haben und diese im Idealfall auch in ihrer späteren Entwicklung erleben konnten, haben dagegen gelernt, dass sich einzelne Aussagen und Merkmale nicht so schnell und vor allem nicht isoliert den Kategorien „passt" oder „passt nicht" zuordnen lassen.

5.1.2   Der erste Eindruck

Der erste Eindruck von einer anderen Person entsteht instinktgesteuert bereits in den ersten sieben bis fünfzehn Sekunden der Begegnung und bestimmt die gesamte folgende Wahrnehmung und Bewertung. Beeinflusst wird er erste Eindruck von den Komponenten Händedruck, Mimik und Gestik, Kleidung, Wortwahl und Stimme, Schmuck, Haltung, Blickkontakt, Geruch, Haare und Frisur – wobei die Reihenfolge ebenfalls subjektiv ist. Diese Komponenten sind zwar keine Anforderungskriterien, aber Menschen neigen dazu, aus dem Erscheinungsbild abzuleiten, wie intelligent, selbstsicher, dynamisch, gepflegt, respektvoll und freundlich, vertrauenswürdig und glaubhaft das Gegenüber ist.

Dabei hängt die Bedeutung dieser Dimensionen von den individuellen Werten der Interviewer ab. Sind Ihnen gute Umgangsformen grundsätzlich wichtig, wird Ihr erster Eindruck vom Benehmen des Kandidaten starken Einfluss auf Sie haben – unabhängig davon, wen Sie wofür einstellen möchten. Je deutlicher diese Ausprägungen sind, desto mehr Kraft können solche Wertvorstellungen entfalten. Sind Ihnen beispielsweise Höflichkeitsrituale wichtig – möglicherweise bedauern Sie, dass diese immer weniger selbstverständlich sind – hat ein Kandidat mit sehr respektvollem Auftreten von vornherein gute Karten bei Ihnen. Ein anderer Interviewer, dem Höflichkeit unwichtig ist, ja sogar „verstaubt" vorkommt, wird das gleiche Verhalten möglicherweise als „aalglatt" empfinden und negativ bewerten. Und dabei ist noch gar nicht gesagt, ob „Höflichkeit" überhaupt eine relevante Anforderung für die Ausübung des Jobs ist.

Deshalb ist es so wichtig, sich selbst den ersten Eindruck aktiv bewusst zu machen und sich die hier entstandenen Annahmen und Einschätzungen am besten gleich zu notieren – damit sie sich nicht unbewusst als Wahrnehmungsfilter etablieren können und womöglich durch die folgenden Eindrücke nur noch bestätigt werden sollen. Denn dann hätten Sie es mit einer sich selbst erfüllenden Prophezeiung zu tun.

Natürlich kann der erste Eindruck seinen selektiven Filter auch schon durch die Interpretation der Bewerber-Unterlagen etabliert haben. „War schon im Ausland, toller Lebenslauf, muss ein toller Kandidat sein" – das sind unzulässige Schlüsse, die Sie vielleicht gezogen haben und die Sie im Interview zu bestätigen suchen.

Warnsignale

Natürlich gibt es auch ein paar Signale, die trotzdem zu beachten sind, da sie möglicherweise wichtige Hinweise auf stabile, fachübergreifende Persönlichkeitsmerkmale geben. Zu den wichtigsten derartigen Signalen gehören neben einer unklaren Motivation auch:

- ■ Massive negative Äußerungen über Autoritäten wie Lehrer und Führungskräfte: Sie weisen auf eine externe Attribution des Kandidaten hin, das heißt, er schreibt Ursachen für Konflikte und Vorgänge gerne äußeren Umständen zu. Diese Eigenschaft hat negative Einflüsse auf seine Fähigkeit, Konflikte zu lösen und konstruktive Veränderungen oder Lernprozesse anzustoßen, da er weder seinen Eigenanteil noch Verbesserungsbedarf erkennt. Eine solche Neigung zur Attribution ist persönlichkeitsimmanent, also schwer veränderbar und daher bei extremer Ausprägung ein K.O.-Kriterium.

- ■ Sozial unangemessene Verhaltensweisen im Vorstellungsgespräch: Sie legen nahe, dass der Kandidat auch in anderen Situationen wenig Gespür für die Situation zeigen und sich nicht an die ausgesprochenen und unausgesprochenen Verhaltensregeln der Berufswelt halten wird. Auch diese Eigenschaft ist von der Personalentwicklung nicht korrigierbar.

- ■ Eine starke Diskrepanz zwischen der Selbstbeschreibung und dem Eindruck des Interviewers: Sie ist entweder ein anderer Hinweis auf die Neigung zur externen Attribution (wenn sich der Kandidat selbst für wesentlich kompetenter hält, als der Interviewer das wahrnimmt) oder auf eine graduell zu bewertende Realitätswahrnehmungsstörung. Beide Ausprägungen lassen sich von außen nicht verändern und sind daher bei deutlicher Ausprägung ein Ausschlusskriterium.

5.1.3   Implizite Persönlichkeitstheorien

Manchmal glauben Interviewer auch zu wissen, dass zwei oder mehr Persönlichkeitseigenschaften immer zusammen auftreten – oder einander ausschließen. Eine solche subjektiv gebildete Annahme nennt man implizite Persönlichkeitstheorie. Im Unterschied zu empirisch belegten Persönlichkeitstheorien (siehe Kapitel 3) sind diese Annahmen jedoch nicht wissenschaftlich belegbar, sie basieren lediglich auf subjektiven Erfahrungen. Sie verleiten dazu, von einem Kriterium – etwa Auslandserfahrung – auf das Vorhandensein eines nicht beobachteten Merkmals zu schließen – zum Beispiel Veränderungsfähigkeit. Getreu der Annahme: „Wer im Ausland war, ist auch veränderungsfähig." Oder bei langer Studiendauer und geringer Ziel- und Ergebnisorientierung: „Wer sich beim Studium Zeit gelassen hat, ist faul."

Solche Annahmen entstehen oft durch individuelle Erfahrungen mit prägenden Personen, bei denen die Kombination dieser beiden Persönlichkeitseigenschaften besonders hoch ausgeprägt war. Fälschlicherweise wird diese Erfahrung verallgemeinert und zur subjektiven Theorie oder zum Vorurteil erhoben – und wieder kann sie zur selbsterfüllenden Prophezeiung oder auch zu enttäuschten Erwartungen führen.

Für die Auswahlentscheidung heißt das, dass Sie nach dem Interview noch einmal sorgfältig prüfen müssen, ob Sie wirklich zu allen relevanten Anforderungen Informationen und Verhaltensbeispiele erhalten haben. Oder anders formuliert: Ob Sie Ihre Einschätzungen (sehr organisiert, setzt hohe Leistungsstandards, überdurchschnittlich ambitioniert und so weiter) auch wirklich durch Beispiele oder Zahlen, Daten und Fakten belegen können. Oder haben Sie sich bei der ein oder anderen Dimension verleiten lassen zu glauben: Wenn A da ist, dann auch B?

5.1.4 Beurteilungstendenzen

Neben der Art und Weise der persönlichen Wahrnehmung, also wie Informationen individuell aufgenommen und bewertet werden, lassen sich auch individuelle Beurteilungsmaßstäbe und -tendenzen unterscheiden. Diese Tendenzen sind relativ stabil. Das heißt: Jemand, der gestern und heute vergleichsweise streng zu urteilen pflegte, wird morgen nicht plötzlich mild urteilen. Zu den häufigsten Tendenzen zählen:

Der „Überstrahl-Effekt"

Als „Überstrahl-Effekt" wird die Wirkung des Gesamteindrucks oder hervorstechender Einzelmerkmale auf andere Bereiche der Persönlichkeit oder des Leistungsverhaltens verstanden (z.B. überragende Projektarbeit, Auslandsaufenthalt, Promotion überstrahlt alles andere – vgl. hierzu auch 5.2.1. Hot Buttons).

Der logische Fehler

Als logische Fehler werden auf der Basis vermuteter Zusammenhänge falsch gezogene Schlussfolgerungen bezeichnet: Der Beurteiler schließt auf einen Zusammenhang von Ereignissen oder Merkmalen aufgrund eines zufälligen Zusammentreffens von zwei eigentlich voneinander unabhängigen Ereignissen/Merkmalen oder aufgrund der Übergewichtung extremer Ausprägungen beziehungsweise seltener Vorfälle (z.B.: intelligente und kritische Menschen sind auch ehrgeizig; desinteressierte Menschen sind auch dumm und faul; saubere und gepflegte Menschen sind auch anständig und höflich etc.; siehe hierzu auch 5.1.3. Implizite Persönlichkeitstheorien).

Die Tendenz zur Mitte

Als „Tendenz zur Mitte" wird ein Beurteilungsverhalten bezeichnet, das extrem positive oder negative Einschätzungen zu vermeiden sucht. Durch dieses Verhalten verliert die Beurteilung ihre Aussagefähigkeit, eine differenzierte Betrachtung des Kandidaten ist ebenso wenig möglich wie ein differenzierter Vergleich verschiedener Kandidaten. Solche Interviewer sagen am Ende des Interviews in der Auswertung oft: „War ganz gut, oder? Könnte passen – müssen wir noch mal schauen." Aber die Erfüllungsgrade der Kompetenzen und Anforderungen können sie wenig differenziert benennen. Damit sind sie auch geneigt, in ihrer Argumentation zu kippen, je nachdem, wie stark der zweite Interviewer in seiner Argumentation ist.

Festhalten und Einfrieren

Damit wird die Neigung bezeichnet, an einem einmal gefällten Urteil oder Eindruck festzuhalten. Wenn der Betreffende bereits einen bestimmten Eindruck (meist handelt es sich dabei um den ersten Eindruck) vom Gegenüber gewonnen hat, nimmt er vor allem diejenigen Aspekte wahr, die diesen Eindruck auch bestätigen. Einmal vorhandene beziehungsweise wahrgenommene Eigenschaften oder Verhaltensweisen bei einem Mitarbeiter werden als unveränderlich „eingefroren", mögliche Veränderungen werden entweder nicht akzeptiert oder gänzlich übersehen.

Wirkung von Reihenfolge und Vergleich

Dieser Fehler tritt in zwei Varianten auf: Der Interviewer speichert hauptsächlich die ersten Informationen/Ergebnisse/Eindrücke vom Kandidaten (z.B. Bewerbungsunterlagen, erstes Telefonat, erster Eindruck) oder die letzten (z.B. die Eindrücke aus der Schlussphase des Interviews). Zusätzlich kann in solchen Fällen die Reihenfolge der Kandidaten (falls mehrere innerhalb eines kurzen Zeitfensters interviewt wurden) das Urteil des Beobachters maßgeblich beeinflussen: So macht ein „guter" Kandidat nach einem „schlechten" Kandidaten einen besseren Eindruck als nach einem anderen „guten".

Übertragung

Bei diesem Phänomen werden durch die Erscheinung oder ein bestimmtes Verhalten des Kandidaten beim Beobachter unbewusst persönliche Erinnerungen an einen Dritten (Vater, Lehrer, ehemaliger Chef) geweckt. Der Beobachter verfällt dabei automatisch in sein „altes" Wahrnehmungsmuster und beurteilt oder reagiert entsprechend voreingenommen.

Milde und Strenge

Der Milde-Strenge-Fehler äußert sich darin, dass sich die Beurteilungen nur im positiven/negativen Bereich konzentrieren („das wird schon passen" oder „passt alles nicht"). Auch hier ergibt sich ein verzerrtes Bild; der eigentliche Zweck der Einschätzung, die differenzierte Stärken-Entwicklungsfelder-Beurteilung im Hinblick auf die definierten Anforderungen, wird verfehlt.

Erwartungen

Auch vorgefasste Erwartungen können die Kandidaten-Einschätzung beeinflussen. Berufseinstellungen, das Leistungsverhalten und die Wertvorstellungen der Interviewer setzen sich unter Umständen durch und lassen den Kandidaten in einem entsprechend positiven oder kritischen Licht erscheinen. Das geschieht manchmal bereits bei der Sichtung der Unterlagen oder bei ihrer Interpretation durch den Personaler, die Führungskraft oder den Vorgesetzten, wenn sie sich aufgrund von zwei oder drei Informationen bereits ein bestimmtes Bild machen und entsprechende weitere Merkmale im Gespräch erwarten. Wird dieses Bild ent-täuscht, kann ein positiver Ersteindruck dann schneller kippen und aus „weiß" wird plötzlich „schwarz" – nach dem Motto: „Der war ja wohl gar nicht das, was wir uns aufgrund der Bewerbung erhofft hatten."

Stereotype

Dabei handelt es sich um Bilder im Kopf, die die Wahrnehmung von Menschen durch Vereinfachung verfälschen. In Stereotypen werden subjektive Wertmaßstäbe überbetont. Das sind zum Teil völlig unzulässige, aber subjektiv für „wahr" gehaltene Schubladen: „Typisch Ingenieur ..., Vertriebler ..., IT-ler ..."

Sympathie und Antipathie

Auch persönliche Erfahrungen und daraus entstandene Vorlieben oder Abneigungen sowie Ähnlichkeiten zwischen Kandidaten und Interviewer können die Beurteilung positiv wie negativ beeinträchtigen. Sympathie entsteht in der Regel durch die Wahrnehmung ähnlicher Merkmale, die positiv bewertet werden, oder bei Unähnlichkeit in Bezug auf Merkmale, die der Urteilende zwar selbst nicht hat, aber positiv einschätzt. Vielleicht wünscht er sich mehr Charisma – sitzt ihm dann ein besonders charismatischer Kandidat gegenüber, übersieht er vielleicht, dass andere Kompetenzen fehlen. Antipathie hingegen entsteht zum einen durch die subjektiv wahrgenommene Abwesenheit von Merkmalen, die man an der eigenen Person für positiv hält, sowie durch die Ähnlichkeit von Merkmalen, die in Bezug auf das eigene Ich abgelehnt oder geleugnet werden.

5.2 Die häufigsten Fehlerquellen in der Praxis

Die oben dargestellten Fehlerquellen sind für eine ganze Reihe falscher Bewertungen bei Auswahlentscheidungen verantwortlich. Die folgenden Beispiele zeigen, wie sich diese Fehler in der Praxis auswirken und wie Sie diese vermeiden können.

5.2.1 Ungültige Schlussfolgerungen und unbewusste Unterstellungen

Ein Kandidat verfügt über mehr als 20 Jahre Erfahrung im Marketing von Fast Moving Consumer Goods (Waren, die schnell in den Verkaufsregalen rotieren, weil sie rasch verbraucht werden). Folglich muss er wissen, wie das funktioniert. Und er hat bei Coca Cola und Nestlé gearbeitet – zwei der besten Namen in dieser Branche. Also muss er gut sein. Oder? Nicht unbedingt. Erfahrung kann auch heißen: wissen, wie man es nicht macht. Und die Tatsache, dass jemand für zwei Branchenführer gearbeitet hat, kann auch bedeuten, dass er von deren hervorragendem Know-how, Prozessen und Erfolgsrezepten profitiert hat, ohne notwendigerweise Spuren zu hinterlassen.

Natürlich kann unser Kandidat genau der Richtige sein – der uns mit seinen Fähigkeiten entscheidend weiterhelfen wird. Aber das ist er eben nicht automatisch wegen seiner langjährigen Erfahrung bei zwei Topunternehmen. In diesem Zusammenhang erinnern wir uns gern an einen Kollegen, der vor einigen Jahren bei General Electric als Manager beschäftigt war. Zu Zeiten von Jack Welch, als man von GE als der am meisten bewunderten Organisation der Welt sprach. Er brachte uns zum Lachen als er sagte: „Wenn wir die Besten sind, dann frage ich mich, wie schlimm sieht es wohl beim Zweitbesten aus?" Keine Frage, auch heute ist GE eine der besten Firmen weltweit. Aber auch in Topunternehmen arbeiten nicht nur Topmitarbeiter.

So wie es bei Manchester United oder Real Madrid neben den genialen auch durchschnittliche Spieler gibt, so treten auch in der Wirtschaft nicht nur Spitzenleute an. Genau wie beim Fußball kann es allerdings passieren, dass eher durchschnittliche Manager in erstklassigen Umgebungen gute Ergebnisse erzielen. Vorsicht ist dann geboten, wenn diese Führungskräfte ihr angestammtes Umfeld verlassen. Dann sind möglicherweise all die Erfolgsinstrumente und Unterstützungen nicht mehr vorhanden, die sie brauchten, um gut zu sein. Ein Scheitern könnte die Folge sein.

Um diese ungültige Schlussfolgerung – lange Erfahrung plus Topfirmen heißt Erfolg – zu vermeiden, müssen Sie die richtigen Fragen stellen, um valide Erkenntnisse über Ihren Kandidaten zu erhalten. Es kann nicht oft genug gesagt werden: Es geht um die Ergebnisse, die Ihr Kandidat erzielt hat. Wenn Sie also ausreichend tief nach diesen Errungenschaften gefragt haben, wirklich verstanden haben, wie sein Beitrag dabei aussah und unter welchen Bedingungen beziehungsweise mit welchen Aktionen und Verhaltensweisen er die Erfolge erzielt hat, ist die Wahrscheinlichkeit groß, dass Sie sich nicht „blenden" lassen.

Für Sie und jeden anderen Interviewer ist es elementar, sich bewusst zu machen, woran Sie Ihren eigenen Erfolg festmachen. Sind Sie zum Beispiel der Meinung, dass Sie vor allem Ihr Fleiß und die Fähigkeit, schnell und offen auf andere zuzugehen, dorthin gebracht haben, wo Sie heute stehen, dann werden Sie vermutlich auf diese beiden Merkmale emotional stärker reagieren. Das bedeutet, Sie begegnen Kandidaten mit diesen Merkmalen positiver als solchen, die sich hier eher zurückhaltend zeigen. Eine Aussage wie: „Ich lege Wert darauf, meine Arbeit in der vorgesehenen Zeit zu erledigen" kann vollkommen unterschiedlich ausgelegt werden. Ein Interviewer, der selbst neue Anforderungen immer schon durch Überstunden und Mehrarbeit gelöst hat, wertet sie womöglich ohne weiteres Hinterfragen als negativ im Sinne von „nicht genügend engagiert". Vielleicht verbirgt sich hinter dieser Aussage aber auch, dass dem Kandidat eine sehr gute Organisation und/oder Delegation wichtig sind. Oder er besitzt die Fähigkeit, Dinge anders oder effizienter zu machen und somit nicht über „zeitlich länger arbeiten" ausgleichen zu müssen. Bei all diesen Interpretationen ist auch noch nicht gesagt, ob dieses Merkmal für die Ausfüllung des avisierten Jobs überhaupt wichtig ist. Es handelt sich erst einmal nur um einen Erfolgswert des Interviewers.

Das Gleiche gilt übrigens zum Teil auch für die Entwicklungsfelder des Interviewers, auch hier findet sich ein Nährboden für Hot Buttons: Womöglich sind Sie selbst nicht so gut in Planung und Organisation. Das ist Ihnen bewusst und vielleicht versuchen Sie sogar, daran zu arbeiten, verbessern sich aber nicht nachhaltig. Dann reagieren Sie unter Umständen umso positiver, wenn Sie Kandidaten erleben, die erkennbar gut strukturiert und organisiert sind.

Alle aufgeführten Beispiele veranschaulichen die Gefahr, einzelne Merkmale – positiv, wie kritisch – überzubewerten, manchmal ohne zu reflektieren, ob diese Fähigkeiten oder Merkmale für die Stelle überhaupt von Bedeutung sind.

5.2.2   Cloning oder die Suche nach „Zweitausgaben"

Nicht nur erfolgreiche Menschen sind häufig auf der Suche nach einer Art „Zweitausgabe" der eigenen oder einer anderen Person (Cloning). Auch dieses Thema haben wir oben in Kapitel 3 bereits kurz dargestellt und zwei Formen des Klonens unterschieden: die Suche nach der Kopie des Vorgängers und die nach einer Zweitausgabe von der eigenen Person.

Selbst-Cloning

AEG, Quelle, Holzmann, Beluga Shipping und Lehman Brothers waren große Unternehmen, die alle aufgelöst wurden, auch wenn die Marken heute teilweise noch oder wieder existieren. Die Gründe für ein Scheitern sind immer vielfältig. Ein möglicher Grund, der Firmen in ernsthafte Schwierigkeiten bringen kann, ist beispielsweise die Uniformität der Manager und Mitarbeiter. Agiert an der Spitze eine Person, die über eine sehr hohe Intelligenz verfügt, Probleme gerne für sich allein analysiert, anderen gegenüber eher zurückhaltend auftritt und ruhige Töne bevorzugt, so kann es sein, dass dieser Unternehmensleiter im Einstellungsinterview auf bestimmte Kandidaten allergisch reagiert. Vielleicht auf diejenigen, die unkompliziert im Auftreten sind, etwas lauter sprechen, eine ausladende Körpersprache einsetzen und sich ausführlich zu den Fragen äußern. Wenn dann hauptsächlich ruhige, analytische, introvertierte Führungskräfte eingestellt werden, fehlen dem Unternehmen bald entscheidende Kompetenzen, um im Wettbewerb zu bestehen.

Deutsche Unternehmen stellen in den letzten Jahren einen sehr großen Nachholbedarf fest, was Frauen und ausländische Manager in Schlüsselpositionen angeht. Sie haben erkannt, dass die Uniformität in ihren Organisationen von Verschiedenartigkeit abgelöst werden muss. Damit sie in Märkten, in denen Frauen die Kaufentscheidungen treffen, Erfolg mit Produkten und Dienstleistungen haben können, die von Frauen mitentwickelt und vermarktet werden. Und sie haben erkannt, dass sie Kundenverhalten in anderen Ländern leichter verstehen und darauf reagieren können, wenn im eigenen Geschäftsleitungsteam auch Mitglieder anderer Kulturkreise vertreten sind. Deutsche Unternehmen haben noch einen weiten Weg zu gehen, wenn Sie mehr Verschiedenartigkeit erreichen wollen. Die Frauenquote in Führungspositionen lässt sich dabei noch leicht ermitteln. Bei der Diversität in den Kompetenzen und Fähigkeiten ist das schon deutlich schwieriger.

Die Cloning-Variante der zu vielen Manager mit ähnlichen Fähigkeiten und Verhaltensweisen entsteht fast immer, wenn sich die Entscheider ihrer Präferenzen nicht ausreichend bewusst sind. Dabei forderten schon die Griechen in der Antike: „Erkenne dich selbst!" Im Dezember 2001 griff der damalige Herausgeber der Harvard Business Review, Harris Collingwood, dieses Wort in einer Sonderausgabe zum Thema „Breakthrough Leadership" auf. In seinem Beitrag mit dem Titel „Know Thyself" schrieb er: „Kein Führungsinstrument kann einem Manager helfen, der sich selbst nicht kennt." Wir denken, die Aufforderung der alten Griechen, sich selbst zu erkennen, ist heute ebenso wichtig und richtig wie damals. Wer seine eigenen Stärken und Schwächen kennt und versteht, wie er lernt, was ihn begeistert und was ihn ärgert, kann von sich selbst absehen, sich und andere „stehen lassen" und wird dafür sorgen, dass die neuen Mitarbeiter, die er in sein Team holt, über unterschiedliche, einander ergänzende Fähigkeiten, Kompetenzen, Arbeitsstile und Charaktere verfügen.

Übrigens hilft es auch, die eigenen Hot Buttons bei vermeintlichen Kleinigkeiten zu kennen. Haben Sie schon mal einem Kandidaten gegenüber gesessen, der zu viel Parfüm verwendet hatte, einen Siegelring trug oder sich die Haare auffällig gefärbt hatte? Haben Sie es registriert und nichts dabei empfunden? Hat es Sie möglicherweise gestört? Haben Sie immer wieder hinschauen müssen? Wir Menschen können solche Dinge nicht ignorieren. Und wir sollen es auch gar nicht. Wichtig ist nur, dass wir uns unserer Reaktionen auf diese Eigenheiten bewusst sind und sie kein falsches Gewicht bei unseren Entscheidungsfindungen bekommen.

Vorgänger-Cloning

Das gilt natürlich auch für die Cloning-Variante, bei der ein Kandidat gesucht wird, der genauso sein soll wie sein Vorgänger – oder dessen Gegenteil. Als im Frühjahr 2009 das Management des FC Bayern München die Entscheidung traf, Louis van Gaal in der Nachfolge von Jürgen Klinsmann als Trainer anzuheuern, handelte es sich um eine solche Suche nach dem Gegenteil. Klinsmann war nach München geholt worden, um einen „Querdenker mehr um sich zu haben", sagte Uli Hoeneß im Januar 2008. „Wir haben einen Mann gesucht, der eine eigene Meinung hat ... der progressiv denkt." Bei den Anforderungen spielten die Themen Innovation, Beliebtheit, Internationalität und Mut eine große Rolle. Klinsmann war zwei Jahre vorher mit der deutschen Nationalmannschaft Dritter bei der Weltmeisterschaft geworden und hatte sich damit bei seiner ersten und einzigen Trainerstation zu diesen Feldern profiliert. Als die Erfolge in München ausblieben, verpflichtete man weniger als ein Jahr später den Holländer van Gaal. Jetzt sah das Anforderungsprofil vollkommen anders aus. Nun suchte man „einen erfahrenen und erfolgreichen Fußballlehrer, der eine Reihe von Erfolgen" vorweisen konnte – fast eine Drehung um 180 Grad. Innerhalb eines Jahres hatten sich die Erfordernisse an den neuen Coach nicht tatsächlich verändert, doch wollte man etwas korrigieren, was man glaubte, zuvor nicht ganz richtig gemacht zu haben. Dass nach 20 Monaten auch die Zusammenarbeit mit van Gaal wieder endete, war u.a. auch der Tatsache geschuldet, dass man die Erwartungen an ihn selektiv an seinem Vorgänger orientiert hatte.

Um derartige Fehler zu vermeiden, ist es unserer Meinung nach am besten, das Anforderungsprofil von den Personen, die die vakante Aufgabe in der Vergangenheit ausgefüllt haben, zu entkoppeln und sich auf die aktuellen Anforderungen zu konzentrieren.

5.2.3 Überhöhtes Anspruchsniveau oder: Die Suche nach dem Maximum

Aus Angst vor einer Fehlentscheidung kann es passieren, dass das Anspruchsniveau so hoch geschraubt wird, dass es nicht mehr in passender Relation zu den tatsächlichen Anforderungen für die Stelle steht. Hier helfen die Unterscheidung von Muss- und Kann-Faktoren (siehe Kapitel 3) und die Beschreibung von erfolgskritischem Verhalten in konkreten Situationen. Auch um festzulegen, was nicht unbedingt notwendig ist oder noch entwickelt werden kann. Eine Skalierung der Anforderungen, zum Beispiel von 1 (= sehr wichtig) bis 4 (= weniger wichtig) macht zugleich deutlich, dass nur eine begrenzte Zahl von Anforderungen höchste Priorität haben und nicht überall ein maximales Niveau gefordert werden kann.

5.2.4 Behalten Sie die Muss-Anforderungen im Blick

Ein ebenfalls häufig auftretender Fehler ist die Abänderung des Anforderungsprofils nach dem Interview. Der Kandidat hat seinen Interviewern so gut gefallen, dass sie bereit sind, ein oder zwei ursprüngliche Muss-Kriterien unter den Tisch fallen zu lassen, weil er sie nicht mitbringt. Dieser Versuchung sind wahrscheinlich die meisten Leser schon einmal erlegen. Die Geduld, so lange zu suchen, bis der richtige Kandidat gefunden ist, ist manchmal nur sehr schwer aufzubringen – vor allem, wenn die offene Stelle schon lange unbesetzt ist. Arbeiten werden nicht erledigt, Umsätze nicht erzielt, andere Mitarbeiter werden immer wieder zusätzlich belastet. Sie haben schon viele Kandidaten interviewt und der Druck wächst, endlich jemanden präsentieren zu können. Wenn Sie jetzt kapitulieren und einen faulen Kompromiss eingehen, korrumpieren Sie Ihren sorgfältig geplanten und durchgeführten Einstellungsprozess. Die klare Regel: „When in doubt, don't employ!" (Wenn Zweifel bestehen, nicht einstellen!) hat sich als Interview-Grundsatz bewährt. Sie suchen schließlich nicht nach übermenschlichen Fähigkeiten, sondern nach dem „Best Fit". Deshalb sind die schriftlich festgehaltenen Anforderungsprofile so wichtig. Sie sind Ihr Kompass.

Erfolgreiche Unternehmen sind immer auf der Suche nach erfolgreichen Mitarbeitern, auch wenn sie keine offenen Stellen haben. Sie wissen, dass sehr gute Kandidaten rar sind. Und wenn sie auf jemanden mit hohen Kompetenzen treffen, werden sie alles tun, um ihn zu gewinnen.

Identifizieren Sie Ihre eigenen Hot Buttons und Beurteilungstendenzen

Jeder professionelle Interviewer sollte seine persönlichen Hot Buttons und Beurteilungstendenzen kennen. Welche sind Ihre? Auf welche zwei bis drei Themen regieren Sie besonders stark – positiv oder negativ? Auf welche zwei bis drei Merkmale sind Sie besonders stolz? Und was ist Ihnen im Hinblick auf beruflichen Erfolg besonders wichtig?

Abbildung 28   Persönliche Hot Buttons im Einstellungs-Interview

Worauf reagiere ich besonders positiv?	Worauf reagiere ich eher kritisch?

Schauen sie sich bitte noch einmal die Beurteilungstendenzen und Ihre Hot Buttons an und wählen Sie dann Ihre ein bis drei relativ stärksten Tendenzen aus. Wie äußern sich diese konkret vor, während und in der Auswertung nach dem Interview?

Abbildung 29   Persönliche Hauptbeurteilungstendenzen

Hauptbeurteilungstendenz	Konkretisierung
1.	
2.	
3.	

5.3   Weitere Einflüsse auf die Personalauswahlentscheidung — bedingt durch Kandidat und Situation

Auch wenn Sie sich selbst, Ihre Hot Buttons und Ihre Beurteilungstendenzen gut kennen, gibt es noch andere äußere Einflüsse, die auf Sie und die Situation einwirken.

5.3.1   Die Selbstdarstellung des Kandidaten oder: Gesagt ist nicht zwangsläufig getan

Häufig wird unterschätzt, wie effektiv sich Kandidaten in Einstellungsinterviews darstellen können und wie sie die Realitäten ihres Lebenslaufes an das sozial Erwünschte anpassen. Dann fällt die Entscheidung für den eloquenten Kandidaten anstatt für den kompetenten. Natürlich gibt es immer noch Kandidaten, die sich vor ihrem Interview keine oder kaum Gedanken über das gemacht haben, was auf sie zukommen könnte, welche Fragen sie erwarten und wie sie darauf antworten wollen. Die meisten Menschen jedoch, die Ihnen gegenübersitzen, haben sich vorbereitet. Sie haben eine klare Vorstellung davon, wie sie sich präsentieren wollen und sie wissen, dass es auf diese 60 bis 90 Minuten ankommt. Viele haben einen Bewerbungsratgeber gelesen oder entsprechende Websites besucht. Hier ein paar „Tipps für Bewerber" aus dem Internet:

■ „Bei den Schwächen sollte man nicht zu ehrlich sein … die Kunst liegt darin, potenzielle Schwächen wie Stärken aussehen zu lassen, z.B. zu viele Aufgaben auf einmal bewerkstelligen zu wollen."

■ „Wichtig ist den Personalchefs, dass man … an einer langfristigen Zusammenarbeit interessiert ist …"

■ „Bestätigen Sie Ihren Gesprächspartner durch Kopfnicken und freundliche Anmerkungen …"

■ „Ein motivierter, tatendurstiger Mensch sitzt aufrecht, den Oberkörper leicht vorge-
beugt ohne Kontakt zur Rückenlehne …"

■ „… dann zählen Sie alles an Stärken auf, was in der Stellenausschreibung gefragt
wurde …"

In Communities werden sogar Fragen zu konkreten Unternehmen gestellt und beantwortet:

■ „Hat jemand schon mal ein Vorstellungsgespräch bei … gehabt? Ich wüsste gern, worauf man sich einstellen muss."

Die Rollen sind also klar verteilt: Der Kandidat will sich von seiner Schokoladenseite zeigen und möglichst wenig Schwächen preisgeben. Die Interviewer möchten sehen, was sich
hinter dieser Schokoladenseite verbirgt. Sie sollten Beschönigungen und Vertuschungsver-
suche daher nicht überbewerten, aber mithilfe der vorgestellten Fragemethoden (siehe
Kapitel 4) gründlich analysieren.

Völlig unwahre Antworten sind selten und wären auch ein Grund für eine Nichteinstel-
lung. Beschönigungen und Selbsttäuschungen sind jedoch häufig. Solange sie sich in einem normalen Ausmaß bewegen, sollten Sie diese als situationsbedingt betrachten. Wichtig sind die jeweiligen Hintergründe für die Beschönigungen. Nach ihnen sollten Sie so
lange fragen, bis Sie anhand konkreter Beispiele erfahren haben, welche der gesuchten
Kompetenzen der Kandidat nun wirklich in welcher Ausprägung mitbringt.

Zudem gibt es noch andere Aspekte auf der Kandidatenseite, die eine Fehleinschätzung
hervorrufen können: Manche haben einfach keinerlei Übung darin, sich selbst darzustellen. Anderen fehlt das Gespür für die Situation. Und wieder andere leiden unter enormer
Prüfungsangst und der damit verbundenen Nervosität. Wir alle kennen diese Menschen
„für den zweiten Blick", die sich einfach nicht so leicht tun, ihr Können und ihr Potenzial
innerhalb der ersten Stunde eines Kontaktes in Worte zu fassen oder zu zeigen. Abhängig
von den Anforderungen der zu besetzenden Position sollten Sie sich jedoch bei dem einen
oder anderen Kandidaten mehr Mühe geben und nicht direkt nach dem ersten Eindruck
urteilen. Immer noch werden häufig „extrovertierte, rhetorisch versierte" Menschen denjenigen, die sich mit solchen speziellen Auftritten nicht so leicht tun, vorgezogen und eingestellt. Zum Teil geschieht das sogar ohne ausreichende Prüfung der für den Job relevanten Kompetenzen und Erfolge, sondern einfach deshalb, weil das „Gespräch so angenehm
war – und man sofort auf einer Wellenlänge lag".

5.3.2   Vom Zeitdruck oder der Not, unpassende Kandidaten einzustellen

Nicht nur Interviewer und Kandidaten nehmen Einfluss auf die Entscheidung, auch die jeweiligen Situationen oder der Kontext können stärker darauf einwirken als gedacht. Je höher zum Beispiel der Druck auf dem Interviewer lastet, schnell einstellen zu müssen, desto stärker ist seine Erwartung, beim nächsten Gespräch nun endlich den passenden Kandidaten zu finden. Und schon ist er bereit, den Anspruch zu senken.

Die Auswahl von qualifizierten Kandidaten auf dem Markt unterliegt zum Teil unberechenbaren Zyklen. Es gibt Zeiten, in denen wir relativ viele passende Bewerbungen auf den Tisch bekommen, aber es gibt auch Phasen, in denen wir nicht wissen, welche Kanäle wir noch auftun könnten, um geeignetere Kandidaten zu finden. Dann wächst die Gefahr, sich die Bewerbungen schön zu reden und Kandidaten mit geringen Erfolgsaussichten zum Gespräch einzuladen. Auch im Interview lassen sich viele dann womöglich dazu verleiten, einen „Milde-Filter" auf offensichtliche Diskrepanzen zu den Anforderungen zu legen, frei nach dem Motto: Der Markt gibt nicht mehr her. Dann setzt man eben auf die Entwicklungsfähigkeit des Kandidaten und damit auf das Prinzip Hoffnung. Womöglich lautet dann das entscheidende Kriterium für die Einstellung: „Er hat drei Jahre Berufserfahrung in diesem Job – das müssen wir momentan erst mal finden." Nicht berücksichtigt würde dann beispielsweise die Tatsache, dass der Kandidat in den letzten zwei Jahren zweimal den Arbeitgeber gewechselt hat und seit drei Monaten ohne Arbeit ist – das muss nicht, kann aber ein Hinweis auf erfolgskritische Persönlichkeitsmerkmale sein, die zumindest geprüft werden sollten.

Von der Notlösung, die Anforderungen unter ein Mindestmaß zu senken und nur noch unpassende Kandidaten einzustellen, ohne deren Eignung und Kompetenzen weiter zu prüfen, raten wir dringend ab. In diesem Fall ist es wesentlich effektiver, nach anderen Lösungen zu suchen, vor allem nach anderen Bewerber-Suchkanälen (siehe Kapitel 2.2.3).

5.3.3   Konstellationen oder Machtverhältnisse im Entscheidungsprozess

Wenn Interviewer und Führungskraft nach dem Gespräch ihre Beobachtungen zusammenführen, lassen sich verschiedene Dynamiken beobachten. So gibt es manchmal ein Dominanz- oder Durchsetzungs-„Gefälle". Dann sieht zum Beispiel einer der Beobachter durchaus die Erfüllung des einen oder anderen Muss-Kriteriums – was der andere aber ganz und gar nicht bestätigen kann. Trifft nun ein starker (per Status, Rolle und/oder Dominanz-Verhalten) auf einen weniger starken Interviewpartner, wird die Auswahl letztlich macht- und nicht mehr kriterienbasiert getroffen. In ähnlich gelagerten Fällen orientiert sich der Schwächere von vornherein stark am dominanteren Partner. Auch das Gegenteil kann eintreten: er geht, motiviert durch Selbstbehauptung, sofort in Opposition.

In solchen Fällen ist es ein klarer Vorteil, wenn sowohl die Rollen als auch die Entscheidungsmacht, vor allem aber die Kriterien der Entscheidung geklärt und festgelegt sind. Das kann bedeuten, dass zum Beispiel die Führungskraft entscheidet, der Personaler aber ein Veto-Recht hat, sobald er eine Passung nicht belegen kann. Mit solchen klaren Richtlinien fällt es auch leichter, die Diskussionen sachlich zu führen.

5.3.4   Hierarchie ist kein Gütesiegel

Die Qualität der Einstellungsentscheidungen verbessert sich nicht proportional mit der Höhe der Hierarchieebene, auf der sie getroffen wird. Doch wenn der CEO gerne „aus dem Bauch heraus" entscheidet, müssen HR-Verantwortliche mit Bedacht vorgehen. Erfolgreiche Manager in Spitzenpositionen sind es gewöhnt, Entscheidungen zu treffen und Recht zu behalten. Manche verstehen es auch, gute Einstellungsentscheidungen zu treffen. In der Regel läuft es jedoch auf eine Art Glücksspiel mit einer 50:50-Chance hinaus: manchmal geht es gut, manchmal nicht. Weil hier für alle Beteiligten sehr viel auf dem Spiel steht, ist es besonders wichtig, dass Vorstände und höheres Management HR-Spezialisten zur Seite haben.

In seinem Buch „Winning" schreibt Jack Welch über das Thema Mitarbeiterrekrutierung: „Wie eilig die Sache auch sein mag oder wie überzeugend sich jemand auch vorstellt – sorgen Sie grundsätzlich dafür, dass jeder Kandidat von mehreren Personen interviewt wird! Im Laufe der Zeit werden Sie feststellen, dass der eine oder andere in Ihrem Unternehmen ein besonderes Talent hat, die Spreu vom Weizen zu trennen. Verlassen Sie sich auf diese Leute. Bill Conaty zum Beispiel, mein Personalchef, war darin ein echter Meister …" Für den Personalbereich heißt das unserer Meinung nach, dass er sich für die Qualität der Einstellungsentscheidung einsetzen sollte, indem er die besten HR-Interviewer in den Prozess schickt. Und die sollten an der Spitze der Personalorganisation stehen.

5.4   Die strukturierte Auswertung

Mit der Auflistung verzerrender Wahrnehmungsfilter und häufiger Fehlerquellen bei der Entscheidungsfindung haben wir mehrere Maßnahmen erläutert, die den Einfluss persönlicher Neigungen und Vorurteile sowie Machtmotive und Ähnliches bei der Urteilsfindung zugunsten einer sachgerechten Bewertung minimieren können. Im Folgenden erfahren Sie, wie Sie eine methodisch professionelle und strukturierte Auswertung erarbeiten. Dazu stellen wir Ihnen auch einige Vorlagen zur Verfügung.

5.4.1   Ihre Notizen sind die Basis

Schriftlichkeit ist ein absolutes Muss bei der Interviewauswertung. Das betrifft sowohl die Mitschrift während des Interviews als auch die Niederschrift danach. Gemeint ist eine kurze, schriftliche Beantwortung der zentralen Fragen im Hinblick auf Eignung und Anforderungserfüllung, keine 20-seitigen Berichte. Wenn wir Einstellungsinterviews supervidieren oder coachen, bitten wir grundsätzlich um ein schriftliches „Write-up", eine Zusammenfassung der drei bis fünf wichtigsten Stärken und Entwicklungsfelder im Hinblick auf die Anforderungen. Die Qualität ist mitunter erschreckend und eher eine unstrukturierte Anhäufung subjektiver, psychologischer Allgemeinplätze als eine wirklich mit Beispielen belegte Kompetenz- beziehungsweise Eignungseinschätzung. Die Mehrheit der Interviewer bezieht sich in diesen Fällen nicht mehr auf die Anforderungen, sondern gibt hobbypsychologische Ersteindrücke wieder. Das beste Mittel dagegen ist der Einsatz von Standard-Vorlagen, die auf Basis der Anforderungsdefinition erstellt wurden (siehe unten, Abbildung 30).

Wenn Sie sich Notizen zu den Anforderungen machen, können Sie auch nach dem Interview noch sehen, ob Sie die Anforderungen auch vollständig erfasst haben. Natürlich kommt es vor, dass die eine oder andere Dimension nicht mit Beispielen oder besser noch mit Belegen in Form von Messgrößen belegt wurde. Das ist weniger problematisch, vor allem wenn Sie einen Hinweis auf die entsprechende Prüfung im nächsten Schritt des Auswahlprozesses festhalten. Problematisch wird es dann, wenn Sie die Auslassung schönfärben oder einfach unterstellen: „Wird schon vorhanden/nicht vorhanden sein", obwohl Sie dazu keine Belege im Interview erhalten haben.

Idealerweise tauschen Sie sich mit dem anderen Interviewer auch über Irritationen aus, über nicht zuordenbare Eindrücke oder Informationen, die Sie beschäftigen, auch, wenn sie nicht anforderungsrelevant sind (siehe hierzu auch 5.2.1. Hot Buttons).

5.4.2   Das Anforderungsprofil als gültiges
Selektionskriterium

Nachdem alle Eindrücke gesammelt wurden, dienen die anschließende Diskussion und die Auswertungsvorlage dazu, immer wieder auf die Anforderungen zu fokussieren. Denn nur diese sollten maßgeblich für Ihre Entscheidung sein.

Abbildung 30   Vorlage: Strukturierte Auswertung des Einstellungs-Interviews

Position:					
Personaler:		Führungskraft:			
Recruiter:		Datum:		Start:	
Kompetenzen	**MUSS-KANN-Kriterien**	**Stärken**		**Entwicklungs-felder**	**Einschätzung 1 2 3 4**
Ziel- und Ergebnisorientierung					
Analytisch-strategische Kompetenz					
Kundenorientierung					
Teamfähigkeit und Interkulturelle Kompetenz					
Veränderungsfähigkeit					
Leistungsfähigkeit und Belastbarkeit					
Selbstorganisation und Planungskompetenz					
Führung					
Fachliche Qualifikation					
MUSS-KANN-Kriterien	Stärken			Entwicklungsfelder	
Sonstige Anforderungen					
IT-Kenntnisse:					
Sprachkenntnisse:					
Mobilität:					
Fazit:					
Empfehlung:					
Unterschriften der Interviewer					
Personaler:		Interviewer:			

Erst beobachten, dann beurteilen

Es ist ein bewährter Grundsatz bei Personaleinstellungsinterviews, Beobachtungen und Beurteilung zu trennen. Hier unterscheiden sich geübte von ungeübten Beurteilern. Die Ungeübten vereinen unbewusst den Prozess der Beobachtung und Beurteilung (siehe Kapitel 5.1). Professionelle Beurteiler trennen beide Vorgänge voneinander, um subjektive Wahrnehmungs- und Beurteilungstendenzen möglichst herauszufiltern und zu minimieren.

Erst die Diagnose, dann die Prognose

Ein weiterer gut funktionierender Grundsatz ist die Trennung von Diagnose und Prognose. Das heißt, wir trennen die Bewertung der bisherigen Erfolge von der Einschätzung zukünftiger Erfolgsaussichten in der eigenen Organisation. Dies ist hilfreich und sinnvoll, weil jemand, der unter bestimmten Rahmenbedingungen erfolgreich ist, dies in einem anderen Umfeld nicht zwangsläufig auch sein muss. Hier sind besonders die Potenzialfaktoren aussagekräftiger als die reine Diagnose des bisherigen Erfolgs und der gezeigten Kompetenzen.

A-B-C-Einschätzung

Schließlich ordnen wir die interviewten Kandidaten drei Kategorien zu:

- **A-Kandidat:**
  Erfüllt das Anforderungsprofil in hohem Maße, Bewertung passend – sehr interessanter Kandidat, in der Regel zweite Interviewrunde bzw. Einstellung

- **B-Kandidat:**
  Erfüllt das Anforderungsprofil nicht in allen Bereichen, Bewertung bedingt passend – Kandidat auf Wiedervorlage nach Abschluss der ersten Interviewrunde, evtl. Prüfung auf andere Einsatzmöglichkeit

- **C-Kandidat:**
  Erfüllt das Anforderungsprofil nicht ausreichend, Bewertung unpassend – Absage

Teilerfüllung von Kriterien

Bei den B-Kandidaten, die unsere Anforderungskriterien nur teilweise erfüllen, müssen wir abklären, welche Maßnahmen die Lücken schließen könnten. Hierzu gehört auch, dass beide Seiten – also sowohl das Unternehmen als auch der Kandidat – den dazu benötigten Aufwand abschätzen. Sie müssen sich fragen:

- Welche Maßnahmen sind notwendig, um den Kandidaten auf den definierten Anforderungs- und Qualifizierungsstand zu bringen?

- Steht der Aufwand in einem wirtschaftlich vertretbaren Rahmen zum Nutzen?

- Besitzt der Kandidat genügend Ambition, Lern- und Leistungsbereitschaft, um diese Maßnahmen in einem festgelegten Zeitrahmen umzusetzen?

Übererfüllung von Kriterien

Andererseits werden häufig überqualifizierte Mitarbeiter eingestellt, die mehr können, als die Anforderungen der Stelle eigentlich voraussetzen. In den meisten Fällen ist der Kandidat dann bald unzufrieden, weil er sich unterfordert fühlt. Oft entstehen dadurch Spannungen in der Organisation, weil der überqualifizierte Mitarbeiter die anderen dominiert oder zu dominieren sucht. Das klingt in diesem Kontext vielleicht nach einem Luxus-Problem, sollte aber nicht unterschätzt werden. In Zeiten zunehmenden Fachkräftemangels fordern solche Situationen eher die Flexibilität des Unternehmens heraus, das prüfen sollte, ob es dem Kandidaten nicht eine angemessenere Position anbieten kann, sonst wird es ihn vermutlich über kurz oder lang an den Wettbewerb verlieren.

5.4.3   Beim nächsten Mal noch besser: Selbstreflexion und Feedback der Interviewer

Jedes Interview bietet auch dem Interviewer die Chance, sich weiter zu qualifizieren. Eine kurze Reflexion – Was war gut? Was könnte besser sein? – hilft, beim nächsten Mal noch präsenter und professioneller zu sein. Wir haben uns angewöhnt, mit einem Feedbackbogen zur Reflexion zu arbeiten, damit wir uns immer wieder die wichtigsten Punkte vor Augen führen und an unserer Qualität arbeiten können. Die Vorlage in Abbildung 31 umfasst zugleich die wesentlichen Kriterien, die im Rahmen einer Interview-Zertifizierung als Grundlage dienen:

Abbildung 31   Beobachtungs- und Feedbackbogen „Kandidaten-Interviews"

Kandidat:		Beobachter:				
Beispiele zum Verhalten:		**Beobachtungen:**	**Einschätzung**			
			1	**2**	**3**	**4**
BEZUG ZUM BUISNESS/JOB	• Fragt nach im Hinblick auf kritische Erfolgsfaktoren/Situationen der jetzigen/ möglichen Position/Verantwortung • Erfragt konkreten Beitrag zur Erreichung der Teamziele – erfragt positionsspezifische Messgrößen • Entwickelt abteilungs- bzw. teambezogene Szenarien/Situationen zur Hypothesen- überprüfung • Stellt Handlungsfragen mit konkretem Bezug zu erfolgskritischen Situationen/ Anforderungen (Job) • Ordnet Relationen/Maßstäbe realistisch ein (Über-/Unterdurchschnittlichkeit von genannten Zielerreichungsquoten)					

EINHALTUNG DER STRUKTUR/STANDARDS	• Freundlicher Kontakt/Blickkontakt (Mimik)/Lächeln • Auf den anderen eingehen/offene Fragen/den anderen sich „warm reden" lassen • Erfragt konkrete Rollen und (Ergebnis-)Verantwortungen aus dem jetzigen Job • Erfragt Mögen/Nicht-Mögen und erzielt dabei verwertbare Aussagen zur Hypothesenbildung/-prüfung bezüglich der Stärken/Entwicklungsfelder • Erfährt relevante Einstellungen/Motivationen/Stärken und Entwicklungsfelder • Analysiert Potenzialfaktoren (Umgang mit Komplexität, Lernfähigkeit, Einflussnahme und Ambitionslevel) • Repräsentiert das Unternehmen gemäß Standards, vermittelt Kernwerte des Unternehmens					
GESPRÄCHSFÜHRUNG	• Steuert das Gespräch klar durch qualitative Fragen • Führt Kandidat weg von Umfeld und Job-Aussagen hin zu Kompetenzen/Potenzialen • Arbeitet durchweg mit positiven/verstärkenden Formulierungen/Fragen • Gesprächsanteil 85:15					

QUALITÄT DER FRAGEN	<ul><li>Offene Fragen</li><li>Fragetrichter/STAR-L</li><li>Führt weg von Umfeld/Job hin zu qualitativen Aussagen über die Person</li><li>Stellt Handlungsfragen (jobspezifische Szenarien)</li><li>Ist abwechslungsreich im Einleiten von Fragen/Beschreiben von Szenarien</li><li>Fasst zusammen, wiederholt Worte/Sätze, um das Weiterreden des Kandidaten zu animieren</li><li>Fragen sind positiv formuliert</li></ul>					
EINSCHÄTZUNG DES KANDIDATEN	<ul><li>Kurze, prägnante Aussagen über 5 Stärken, 3 Entwicklungspotenziale (siehe Anforderung/Job-Spezifikation)</li><li>Praxisrelevanter Differenzierungsgrad</li><li>Klarer Bezug der Stärken/Entwicklungspotenziale des Kandidaten zu den Schlüsselqualifikationen/Job-Spezifikation/Job-Eignung</li><li>Nachvollziehbarkeit der getroffenen Einschätzung anhand von Beispielen</li><li>Bietet sichere Entscheidungsgrundlage zur Einschätzung der Job-Eignung bzw. des Potenzials</li><li>Kennt eigene „Hot Buttons"</li></ul>					

5.5   Was Sie noch tun können, um professioneller zu entscheiden

Für den Moment haben Sie nun alles Erforderliche getan, um eine erfolgversprechende Entscheidung treffen zu können. Die folgenden Hinweise werden Ihnen helfen, diese Prozesse in Zukunft kontinuierlich weiter zu verbessern und damit nicht nur die besten Kandidaten für die jeweiligen Stellen zu finden, sondern sie mit einiger Sicherheit auch zum Erfolg für Ihr Unternehmen zu machen.

5.5.1   Die Evaluation oder: Überprüfen Sie Ihre Einstellungsentscheidungen!

Die meisten betreiben gar keine Erfolgskontrolle, was ihre Einstellungsentscheidungen angeht. Unternehmen ermitteln detailliert die Produktivität neuer Produktionsmaschinen oder kontrollieren rigoros den Return on Investment neuer Marketingkampagnen. Bei den Personalentscheidungen sieht das oft anders aus. Manchmal werden 50 oder 100 Mitarbeiter und Führungskräfte neu eingestellt, und niemand verfolgt systematisch, wie sie sich entwickeln: Wer ist nach einem, zwei, drei oder vier Jahren noch im Unternehmen? Wer geht noch derselben Aufgabe nach und mit welchem Erfolg macht er das (jährliche Leistungs- und Potenzialeinschätzung)? Wer wurde nach diesem Zeitraum befördert und mit welchem Erfolg (Karriere-Entwicklungen)? Und wer hat das Unternehmen verlassen? Von wem ging die Trennung aus und warum (Fluktuationsquote)?

Wir empfehlen Ihnen, solche Einstellungsstatistiken zusammenzustellen, und zwar pro Unternehmenseinheit, pro Vorgesetztem und pro Personaler. Um die Personalstrategien weiterzuentwickeln, brauchen Sie diese Zahlen und Namen. Außerdem benötigen Sie Ihre Aufzeichnungen aus den Interviews. Wenn Sie nach einem Blick in Ihre Notizen beispielsweise feststellen, dass der Kandidat damals berichtete, dass er zuweilen Dinge ungeschönt beim Namen nennt, dann sehen Sie vielleicht heute, warum er zwar inhaltlich gute Arbeit leistet, andere aber nicht gern mit ihm zusammenarbeiten. Dann können Sie für Ihre nächsten Interviews überlegen, wie Sie zu einem solchen Aspekt noch mehr Informationen vom Kandidaten erhalten und welche Schlüsse Sie daraus ziehen können.

5.5.2   Qualifizierung, Training und Feedback

Wie bei den meisten Dingen im Leben macht auch bei Einstellungsinterviews die Übung den Meister. Ein Großteil der beschriebenen Fehlerquellen lässt sich mithilfe von Trainings ausschalten. In ihrem Werk „The Employment Interview Handbook" schildern Robert W. Eder und Michael M. Harris Studien, in denen die besten Interviewer eine um das Zehnfache höhere Erfolgsquote in ihren Entscheidungen erzielt hatten als die schlechtesten. Nun kann nicht jeder der beste Interviewer sein. Aber jeder kann sich selbst und – falls er einer Personalabteilung vorsteht – auch seine Mitarbeiter verbessern. Training bedeutet dabei vor allem zu lernen präzise Anforderungsprofile zu definieren, eine Interviewstruktur zu nutzen, die richtigen Fragen zu stellen und nachzuhaken, aussagefähige Notizen zu machen und auf Basis der richtigen Fakten eine gute Entscheidung zu treffen. In den letzten Jahren haben wir viele solcher Trainings auf allen Unternehmensebenen duchgeführt, vom Vorstand bis zur ersten Führungsebene und den Personalreferenten.

Das wichtigste Element aller Workshops ist das Führen realer Interviews vor laufender Kamera. Ob wir für die Trainings interne oder externe Kandidaten einsetzen, spielt dabei keine zentrale Rolle. Dass die Teilnehmer sich selbst im Film sehen und erleben können, macht den Unterschied. Da wir selbst sozusagen hinter unseren Augen sitzen, können wir uns bei der Arbeit nicht beobachten. Wir sehen nur die Kandidaten, nicht uns selbst. Wir haben natürlich eine Vorstellung davon, wie wir aussehen, welchen Gesichtsausdruck wir zeigen, welche Körpersprache wir unserem Gegenüber präsentieren. Aber das sind äußerst subjektive Selbstwahrnehmungen. Was wirklich zählt, ist, wie die anderen uns sehen. Um das zu verstehen, um unsere Wirkung zu überprüfen, unsere Fragen zu verfolgen und zu erfahren, wie viel wir möglicherweise über die gewünschten Antworten preisgeben, helfen Filmaufzeichnungen enorm. Außerdem zeigen sie, wie wir die Struktur des Interviews verfolgen, an welchen Stellen es sich gelohnt hätte weiter nachzufragen, wie wir geführt haben, wann wir den Kandidaten besser unterbrochen hätten und alles, worauf es uns sonst noch in diesen Situationen ankommt.

Darüber hinaus setzen wir unseren Trainingsteilnehmern einen kleinen Empfänger ins Ohr, über den wir ihnen Instruktionen aus dem Nebenraum geben können, um noch mehr Informationen zu bekommen. Das erfordert ein hohes Maß an Konzentration, aber es erhöht den Lernerfolg immens. Damit ein solches Training nicht isoliert stattfindet, sondern die Interviewer kontinuierlich weiter lernen, hat sich das kollegiale Coaching als erfolgreich erwiesen. Dabei führen die Trainingsteilnehmer später in ihrem Berufsalltag Interviews durch, und Kollegen, die mit ihnen zusammen die Workshops besucht haben, hören zu, machen sich Notizen und geben anschließend präzises Feedback. In manchen Fällen haben wir die Trainingsteilnehmer später in realen Situationen zertifiziert – in der Regel nach drei bis vier Interviews.

Noch ein Wort zur Qualität der Interviewer. Neben den Fähigkeiten, die wir mit Trainings erheblich verbessern können, spielen die Motivation und das Bewusstsein über die Tragweite und Bedeutung der Entscheidung eine sehr große Rolle. Es ist eine einfache Regel, aber meist trifft sie zu: Je motivierter und klarer der Interviewer in seinem Anspruch ist, das Interview professionell durchzuführen, desto erfolgreicher wird er an die Sache herangehen.

5.5.3 Die Entscheidung ist gefallen — und dann?

Die Interviews sind geführt. Die Vorgesetzten und Personaler sind überzeugt: Sie haben den richtigen Kandidaten gefunden. Aber der hat den Arbeitsvertrag noch nicht unterschrieben. In dieser Phase glauben viele Verantwortliche, dass ihre Arbeit bereits beendet sei – weil sie sich entschieden haben. Aber der Kandidat überlegt vielleicht noch. So haben viele Unternehmen die Erfahrung machen müssen, dass ein Kandidat abgesagt hat, den sie schon bei sich gesehen hatten. Dann war ein großer Teil der Auswahlanstrengungen verloren. Dann haben sie ihn vermutlich nicht restlos davon überzeugt, dass dieses Unternehmen auch für ihn die richtige Wahl gewesen wäre.

Wissen Sie, welche Motive Ihren Kandidaten bewegen? Sucht er nach einer Position, in der er Neues lernen kann? Ist er von Ihrer Marke überzeugt? Denkt er, dass er bei Ihnen den nächsten Karriereschritt machen kann? Wird er bei Ihnen mehr Geld verdienen? Liegt Ihr Standort näher an seinem Wohnort? Kann er bei Ihnen die Ideen durchsetzen, von denen er überzeugt ist? Es gibt sehr viele Motive, die einen Kandidaten für oder gegen Sie entscheiden lassen. Und selbst wenn er „ja" zu Ihnen sagt – was wird er tun, wenn ihm sein gegenwärtiger Arbeitgeber ein Gegenangebot macht? Nur wenn Sie in Ihren Interviews und informellen Gesprächen wirklich verstanden haben, was Ihren Kandidaten tatsächlich bewegt, haben Sie eine große Chance, ihn für sich zu gewinnen. Dann wissen Sie, dass seine Wünsche und Motive mit dem übereinstimmen, was Sie ihm als Aufgabe anbieten.

Am besten gelingt Ihnen das, wenn Sie sich in die Position Ihres Kandidaten versetzen. Bisher haben Sie den besten Kandidaten für Ihr Unternehmen gesucht. Jetzt stellen Sie sich die Frage: „Was hat der Kandidat davon, wenn er zu uns kommt?"

Aus der Praxis

Nach intensiven Interviews war die Organisation zu dem Ergebnis gekommen, dass sie den idealen Kandidaten gefunden hatte. Man unterbreitete ihm ein gutes Angebot für die Abteilungsleiterposition im Controlling. Der Kandidat sprach mit seiner Frau, die vom neuen Einsatzort wenig begeistert war. Sie ging selbst einem Beruf nach und sah kaum Möglichkeiten, nach dem Ortswechsel eine geeignete Arbeitsstelle zu finden. Der Kandidat sagte telefonisch bei seinen Interviewern ab. Die gaben sich damit nicht zufrieden und luden das Ehepaar zu einem Wochenende an ihrem Standort ein. Gleichzeitig recherchierten sie bei anderen Arbeitgebern in der Nähe, welche Positionen für die Frau des Kandidaten in Frage kommen könnten. Während des Wochenendes waren die beiden zu Gast im Haus des zukünftigen Vorgesetzten. Man lernte sich noch besser kennen und konnte auch einige relevante Vakanzen für die Ehefrau finden. Am Ende unterschrieb ein überzeugter Kandidat seinen Arbeitsvertrag, seine Ehefrau bei einem anderen Arbeitgeber im selben Ort.

Das Kämpfen um die guten Kandidaten lohnt sich.

Die Einarbeitung

Jetzt hat der neue Mitarbeiter seinen Vertrag unterschrieben. Dann ist alles in Ordnung, oder? Laut der eingangs erwähnten Studie des Beratungsunternehmens LeadershipIQ (2008), in der über 5.000 Manager nach ihren Mitarbeitereinstellungen befragt wurden, konnten nach 18 Monaten ganze 46 Prozent aller Neueingestellten den Anforderungen nicht gerecht werden. Gerade mal 19 Prozent hatten uneingeschränkten Erfolg.

Eine Hauptursache für diese hohe Misserfolgs-Quote ist eine fehlende oder falsche Einarbeitung. Mithilfe der folgenden Hinweise machen Sie die Einstellung auch längerfristig zu einem Erfolg:

■ **Lücken schließen**

Während des Einstellungsprozesses haben die Interviewer einen präzisen Einblick in die Stärken und Entwicklungsfelder des neuen Mitarbeiters bekommen. Die richtige Einarbeitung wird sich auf diese Felder beziehen. Am leichtesten ist das bei Wissenslücken, beispielsweise über die Branche, den Markt oder die Hauptwettbewerber. Die größere Herausforderung sind Themen, die in der Person des neuen Mitarbeiters liegen. Fehlt ihm etwa die ausgeprägte Fähigkeit, schnell und effektiv Beziehungen zu anderen Menschen aufzubauen, kann hier der Schlüssel für einen frühen Misserfolg in seiner neuen Aufgabe liegen. Wir haben in solchen Situationen sehr gute Erfahrungen mit externen Coaches gemacht, die mit den Neuen an der Verbesserung solcher Kompetenzen gearbeitet haben – idealerweise schon vor dem ersten Arbeitstag. Dies setzt natürlich voraus, dass zwischen dem Vorgesetzten und seinem neuen Mitarbeiter die Offenheit herrscht, konstruktiv über Entwicklungsfelder zu sprechen, und dass das Einschalten eines Coaches als wirklicher Gewinn erlebt wird. Die Kosten dafür sind niedrig verglichen mit einem möglichen Scheitern im ersten Jahr.

■ **Einarbeitungsplan**

Noch vor dem ersten Tag muss ein Einarbeitungsplan erstellt werden, der für die ersten Monate genau festlegt, wen und was der neue Mitarbeiter kennenlernen muss. Häufig wird insbesondere von Managern erwartet, dass sie sofort „Wirkung zeigen". Ohne jedoch einen genauen Überblick über das Geschäft sowie die wichtigsten Kollegen und Mitarbeiter zu erhalten, wird diese Wirkung fatal sein. Der Aufbau guter Beziehungen zu den eigenen Mitarbeitern, zum direkten Vorgesetzten und zu den wichtigsten Kollegen ist von immenser Bedeutung.

– **Die ersten 100 Tage entscheiden**

Lassen Sie den Neuen sich in der Anfangszeit vor allem darauf konzentrieren, seine Mitarbeiter kennenzulernen und sich Verbündete zu schaffen. Die ersten 100 Tage sind entscheidend für die zukünftige Zusammenarbeit, die Motivation bei den Mitarbeitern und die Festlegung der Aufgaben und Ziele. Die 100 Tage teilen sch in der Regel in drei Phasen.

– **100-Tage-Regel**

Investieren Sie lieber zu viel Zeit in die Einarbeitung als zu wenig, muss das Motto lauten. Ganz besonders übrigens bei den Neuen, die am liebsten sofort loslegen wollen. Hier leistet die 100-Tage-Regel gute Dienste: Erst zuhören und zuschauen, dann verstehen lernen, dann sicher sein, dass man richtig verstanden hat. Und dann erst handeln. Die ersten drei Monate konsequent zur Orientierung, zur Reflexion und zum Beziehungsaufbau zu verwenden, ist für den Arbeitserfolg sinnvoll. Viele neu eingestellte Mitarbeiter und Führungskräfte wollen zu früh agieren, sei es, weil sie sich selbst unter Druck setzen, sei es, weil das neue Unternehmen zu viel zu früh erwartet. Es ist wichtig, dass beide Seiten sich diese Frist zugestehen. Denn nur, wer seine neue Organisation wirklich versteht, die Geschäftsprobleme treffend analysiert und gute Kontakte zu seinen neuen Kollegen geschaffen hat, kann einen wirklichen Beitrag leisten.

■ **Ziele**

Legen Sie gemeinsam fest, welche Ziele der neue Mitarbeiter bis wann erreicht haben soll. Die Klarheit, die aus diesem Abstimmungsprozess erwächst, ist enorm wichtig – für den Neuen und seinen Vorgesetzten – und sollte in Probezeit-Zwischengesprächen thematisiert werden.

■ **Jour fixe**

Der Chef muss sich in den ersten Monaten mindestens einmal pro Woche mit seinem neuen Mitarbeiter zusammensetzen. Ziel dieser Begegnungen ist es, Erwartungen zu klären, den Rapport zu vertiefen, alle anstehenden Fragen frühzeitig zu beantworten, Fortschritte zu besprechen und Feedback auszutauschen. Diese Treffen kann ein Vorgesetzter nicht delegieren. Sie sollten in den ersten Monaten als feste Termine in den Kalendern eingetragen und wahrgenommen werden. Das mag sich banal anhören, aber wir haben sehr häufig erlebt, dass dies unterbleibt – oft mit unangenehmen Folgen. Wenn an unterschiedlichen Orten gearbeitet wird, muss das Gespräch eben per Telefon oder Videokonferenz geführt werden.

■ **Feedback**

In den ersten 100 Tagen muss der neue Mitarbeiter spezifisches Feedback bekommen – vom Vorgesetzten, vom Personaler und von Kollegen. Da dies nicht immer auf wirklich hilfreiche Weise geschieht, haben wir in der Vergangenheit mit einem „Neuen Manager Workshop" für neu eingestellte Führungskräfte gearbeitet. Der neue Manager trifft sich für einen halben oder ganzen Tag mit seinen Mitarbeitern. Moderiert wird das Ganze von einem Personaler, folgende Themen werden bearbeitet:

- Welche Erwartungen haben die Mitarbeiter an ihren neuen Chef?
- Welche Erwartungen haben sich bisher erfüllt? Welche nicht?
- Was wissen die Mitarbeiter schon über ihren neuen Vorgesetzten?
- Was würden sie gerne noch besser verstehen?
- Was schätzen sie bereits an der Zusammenarbeit mit ihm?
- Was sollte sich an der Zusammenarbeit noch verändern?
- Welche Absprachen sollen für die nächste Zeit getroffen werden?
- Welche Erwartungen hat der neue Chef an seine Mitarbeiter?
- Was funktioniert aus seiner Sicht schon gut, was muss noch verbessert werden?
- Was soll der Chef noch besser verstehen?

Wir haben hervorragende Erfahrungen mit diesen Workshops gemacht. Sie erlauben und verlangen von allen Beteiligten einen konstruktiven Umgang mit den Themen. Idealerweise werden sie durchgeführt, nachdem der Neue etwa acht bis zehn Wochen in seiner neuen Position tätig ist.

■ **Mentor**

Eine große Hilfe für die schnelle und effektive Orientierung im Unternehmen ist ein Mentor. Er sollte über langjährige Erfahrung in der Organisation verfügen, eine einflussreiche Position innehaben, nicht der direkte Vorgesetzte sein und ein echtes Interesse daran haben, dass der Neue erfolgreich wird. Ein Mentor hat die Aufgabe, die Sprache des neuen Unternehmens zu lehren sowie deren Werte und Geschichte zu vermitteln. Er wird häufig der Schlüssel sein, mit dem sich der neue Mitarbeiter die Unternehmenskultur erschließt. Zudem sollte er Feedback, das er über den Neuen erhält, konstruktiv und vertraulich weitergeben und besprechen. So wird der Mentor zur einflussreichen Vertrauensperson für den neueingestellten Mitarbeiter.

Vielleicht erscheint Ihnen das alles zu aufwendig. „So viel Zeit und Ressourcen haben wir nicht", sagen Sie womöglich. Aber Sie haben bereits viel Energie in Ihren Einstellungsprozess investiert. Gefährden Sie nicht den Erfolg Ihrer bereits getätigten Investitionen in den neuen Mitarbeiter, indem Ihnen bei der Einarbeitung die Luft ausgeht. Denken Sie noch einmal an die Zahlen: Fast die Hälfte aller Neueinstellungen scheitert in ihrer neuen Funktion. Eine gut geplante und durchgeführte Einarbeitung erreicht dagegen, dass die neuen Mitarbeiter mit einer um 69 Prozent höheren Wahrscheinlichkeit nach drei Jahren noch bei ihrem Arbeitgeber beschäftigt sind, als wenn sie ohne systematische Einarbeitung starten (Ganzel 1998). Die Studie von Hewitt aus dem Jahr 2003 zeigt, dass die Unternehmen, die am stärksten in die Einarbeitung neuer Mitarbeiter investierten, den höchsten Level an Mitarbeiterengagement verzeichnen konnten.

Fazit

- Die Auswahlentscheidung muss strukturiert und schriftlich durchgeführt werden.

- Das Anforderungsprofil und die im Vorfeld definierten Muss- und Kann-Kriterien sind die einzig gültige Grundlage für die Entscheidung – nicht hobbypsychologische Charaktereinschätzungen.

- Die Hauptfehlerquellen bei der Kandidateneinschätzung und Auswahlentscheidung liegen im Interviewer selbst. Er muss seine eigenen Erfolgsrezepte, Werte und Beurteilungstendenzen kennen und sich davon in der Beurteilungssituation distanzieren können.

- Vorsicht vor dem – oft unbewussten – Versuch zu „klonen", also nach einer Kopie der eigenen Person oder des vorigen Stelleninhabers zu suchen. Entscheidungsgrundlage sind die Muss- und Kann-Kriterien der definierten Anforderung.

- Die Erfüllungsquoten müssen differenziert für jede Muss-Anforderung konkretisiert werden, damit entsprechende Konsequenzen im Hinblick auf Einstellungsentscheidung, Job-Zuordnung und mögliche Einarbeitung abgeleitet werden können.

- Strukturierte Evaluationen zu getroffenen Einstellungsentscheidungen sind elementar, um die Qualität des Recruitings zu überprüfen und zielorientierte Qualifizierungen abzuleiten.

- Strukturierte Selbstreflexion und gegenseitiges Feedback der Interviewer bieten neben Trainingsmaßnahmen und Video-Reflexionen gute Möglichkeiten zur Qualitätssteigerung.

- Die Auswahlentscheidung – und ist sie diagnostisch noch so gut belegt – wird erst durch eine effiziente Einarbeitung zum unternehmerisch relevanten Erfolg. Ist die Einarbeitung nicht gut auf die Bedürfnisse des Kandidaten abgestimmt, kann sie selbst eine richtige Auswahlentscheidung noch zum Scheitern bringen.

Ausblick und Empfehlung

Joachim Sauer

Geschäftsführer Personal und Arbeitsdirektor
Airbus Operations GmbH
sowie Präsident des
BPM Bundesverband der Personalmanager.

Foto: Airbus

Ob in der Fach- oder Allgemeinpresse, immer wieder begegnet uns der Begriff „Fachkräftemangel" und damit auch eine hitzige Diskussion darüber, wie Unternehmen dieser Entwicklung begegnen können. Es gibt zahlreiche Studien, die erkannt haben wollen, dass uns in naher Zukunft ein Engpass an hochqualifizierten Bewerbern droht, dem Unternehmen besser heute als morgen entgegen wirken sollten. Selbstverständlich besteht kein Zweifel daran, dass durch die demografische Entwicklung zukünftig weniger Arbeitskräfte zur Verfügung stehen werden. Jedoch muss sich jedes Unternehmen auch die Frage stellen, welche Fähigkeiten es in Zukunft benötigt und, vor allem, in welcher Qualität und Quantität. Nichts ist verhängnisvoller als eine unter- bzw. überqualifizierte Fachkraft einzustellen, da genau diese Diskrepanz von Stellenanforderung und Qualifikation langfristig zu Problemen führt. Ist ein Mitarbeiter mit seinen Stellenanforderungen überfordert, ist er gefährdet „auszubrennen". Burnout nennt sich diese längst gesellschaftlich akzeptierte Diagnose. Gleichermaßen gefährlich ist es aber auch, wenn der Mitarbeiter überqualifiziert für seine ihm zugewiesenen Aufgaben ist. Dies kann dann zu dem erst seit Kurzem untersuchten Phänomen Boreout führen, das heißt, der Mitarbeiter ist chronisch unterfordert und langweilt sich. In beiden Fällen drohen massive gesundheitliche Probleme und somit auch ein Risiko für das Unternehmen, das schon bei der Einstellung minimiert werden kann.

Genau hierzu ist dieses Buch ein sinnvoller Wegweiser, der dabei hilft, nicht einfach nur Fachkräfte, sondern die richtigen Fachkräfte zu rekrutieren.

Hamburg, im Oktober 2011   Joachim Sauer
                              Geschäftsführer Airbus Operations GmbH

Nachwort

Im ersten Kapitel unseres Buches haben wir eine Rechnung aufgestellt, in der wir die offenen und verdeckten Kosten einer Fehlbesetzung zusammenfassen. Sie zeigt, dass ein Unternehmen etwa das 13-fache eines Jahresgehalts aufwenden muss, wenn ein neuer Mitarbeiter nicht erfolgreich in die Organisation integriert wird. Bei einem Jahresgehalt von 100.000 Euro müssen also weit über eine Million Euro „Strafe" für die Fehlentscheidung bezahlt werden.

Welche Analysen werden in Ihrem Unternehmen erstellt, bevor die Geschäftsleitung eine Investition in dieser Höhe freigibt? Welche Abstimmungen zwischen einzelnen Bereichen sind dafür notwendig, welche Return-on-Investment-Berechnungen werden ausgearbeitet? Und mit welchen Konsequenzen ist es verbunden, wenn eine neue Herstellungsanlage oder eine neue Marketingkampagne nicht das erwartete Ergebnis bringen? Fehlentscheidungen in diesen Bereichen ziehen weitreichende Konsequenzen für alle nach sich. Für die, die Analysen und Berechnungen erstellt haben, und für diejenigen, die endgültige Entscheidungen getroffen haben. Wenn es schiefgegangen ist, wird man die Lehren daraus ziehen. Und sich genau überlegen, was beim nächsten Mal anders laufen muss.

So sollte es auch bei den Einstellungsprozessen sein. Entsprechen sie in Ihrem Unternehmen auch den Anforderungen, die Sie an Ihre Investitionsprozesse stellen? Möglicherweise müssen Sie einiges rigoros verändern, um die Erfolgswahrscheinlichkeit Ihrer Einstellungen deutlich zu erhöhen. Sie kennen jetzt die verschiedenen Hebel, die Sie dafür bewegen müssen:

- Die Erkenntnis, dass die demografische Entwicklung die Zahl der in Frage kommenden Kandidaten für Ihre Aufgaben zunehmend verringert.
- Eine sehr genaue Aufstellung der Anforderungen, die Sie an den erfolgreichen Kandidaten stellen.
- Das Wissen, auf welchen Positionen Sie Potenzialträger einstellen wollen.
- Das Bewusstsein, welche Fehler im Einstellungsprozess am häufigsten vorkommen und wie Sie diese vermeiden können.
- Eine professionelle Vorbereitung der Einstellungsinterviews und die Erarbeitung einer Liste der wichtigsten Fragen, die Sie den Kandidaten stellen.
- Die Fähigkeit, Antworten Ihrer Kandidaten treffend zu interpretieren und die richtigen Schlüsse zu ziehen.
- Das Wissen, welche Idealvorstellungen Sie von Kandidaten haben, was daran realistisch ist und welche „Hot Buttons" Sie dazu bringen, im Interview zu früh ja oder nein zu sagen.
- Eine gute Mischung von Talenten in Ihre Organisation zu bekommen, also Diversity – Unterschiedlichkeit – praktizieren und nicht nach Klonen Ausschau halten.
- Eine gut geplante Einarbeitung des Neuen, in der er schnell ein eigenes Netzwerk aufbauen kann und Feedback über seine Lernfortschritte erhält.

Wir sind sicher, dass Sie beim Lesen unseres Buches Anregungen erhalten haben, die Sie gut in die Praxis umsetzen können. Eines können wir jedoch mit diesem Buch nicht leisten: das Lernen in der realen Situation. In den Lehrplänen der Wirtschafts-Studiengänge findet dieses Thema so gut wie gar nicht statt, ganz zu schweigen von praktischen Übungen. Das gilt sogar für Wirtschaftspsychologie. Hier spielt die psychologische Diagnostik zwar eine wichtige Rolle, das Führen von Einstellungsinterviews wird jedoch nicht ausreichend vermittelt. Von anderen Studiengängen, die Führungskräfte in Deutschland häufig absolviert haben, wie Jura oder Ingenieurwissenschaften, wollen wir gar nicht erst reden.

Fußballspielen lernt man beim Fußballspielen, Reiten beim Reiten – und Einstellungsinterviews führen lernt man, indem man welche führt. In seinem Buch „Outliers" zeigt der bereits zitierte Malcolm Gladwell, New Yorker Autor und Unternehmensberater, was es bedarf, um in einem Gebiet zu den Besten zu gehören. Er kommt zu dem Schluss, dass dem Talent in diesem Zusammenhang zu viel Bedeutung zugemessen wird. Gladwell zitiert eine Reihe von Studien, die sich damit beschäftigt haben, warum es einige Geiger, Eishockeyspieler, Schriftsteller, Schachspieler und Pianisten zu Weltklasseleistungen bringen. Und er zeigt, dass alle, die diese Stufe erreichen, bis zu ihrem 20. Lebensjahr etwa 10.000 Stunden auf stetig steigendem Level geübt haben. Sogar die Beatles hätten bis zu ihrem Durchbruch im Jahr 1963 etwa 12.000 Stunden auf der Bühne gestanden und gespielt.

Nun wird niemand von Ihnen in der nächsten Zeit 10.000 Stunden lang Einstellungsinterviews führen, und das bei steigenden Anforderungen. Aber vielleicht haben Sie bei der Lektüre festgestellt, dass Sie einiges ausprobieren und anwenden wollen. Bitte tun Sie es. Führen Sie Interviews und laden Sie Kollegen dazu ein, die etwas von der Materie verstehen und Ihnen Feedback geben können. Melden Sie sich in Workshops zu dem Thema an, wenn Sie sicher sein können, dass die Trainer Profis sind. Entwickeln Sie sich weiter zu dem Thema, das über das Wohl und Wehe Ihres Unternehmens entscheidet. Und werden Sie somit selbst zum unverzichtbaren Bestandteil des Erfolgs. Denn wenn Sie als Führungskraft die passenden Mitarbeiter eingestellt haben, haben Sie eine Ihrer wichtigsten Führungsaufgaben schon erfüllt.

Viel Freude dabei.

Anhang

Kapitel 3

Vorlage Job-Spezifikation — Beispiel Marketingleitung

Funktion: Marketingleitung	**Reporting to:** Vertriebsvorstand
Zweck der Funktion: Sicherstellung eines strategischen und operativen Marketings mit dem Ziel, über eine einheitliche Markenführung die Marktanteile auszubauen sowie die Geschäftsergebnisse zu optimieren. Sicherstellung der Entwicklung und Umsetzung von Marketinginstrumenten und -maßnahmen auf Basis der Unternehmens-Gesamtstrategie zur Präzision der Markenführung sowie zur Fokussierung auf definierte Zielgruppen und Kundennutzen.	

Anforderungen der Position bzgl. Kern Kompetenzen	Management- und Koordinationsanforderungen:
1 Ziel- und Ergebnisorientierung 1 Analytische und Strategische Kompetenz 2 Veränderungsbereitschaft und Innovation 1 Kommunikation und Team Kompetenz 1 Markt- und Kundenorientierung 2 Effizienz und Planung 1 Führung MUSS: Konzeptionelle und strategische Fähigkeiten, Kreativität, Umsetzungsstärke, Kommunikationsstärke 1 = sehr wichtig, 2 = wichtig, 3 = weniger wichtig	• Direkt: 3 Abteilungs-Leiter Strategisches Marketing, 2 Abteilungs-Leiter Operatives Marketing, Anzahl Mitarbeiter insgesamt ca. 35 • Steuern der Umsetzung der Markenführung; Unterstützen der Vertriebslinien bei der Umsetzung der Marketingmaßnahmen • Sicherstellen eines einheitlichen Markenauftritts; Durchführen von Werbe-Tracking zur Erfolgskontrolle • Aufbau und Entwicklung der Marketing-Organisation • Vernetzung der Marketing-Organisation zu definierten relevanten Schnittstellen (Sicherung der value chain): vor allem Koordinieren der Schnittstellen zu den Zentraleinkäufern und Geschäftsfeldern • Sicherstellung der Umsetzung der definierten Prozesse und Qualitätsstandards zur Mitarbeiter-Auswahl, -Einarbeitung, -Entwicklung, Nachfolgeplanung und Performance Management • Auswählen und Koordinieren von externen Partnern zur Umsetzung der Marketingmaßnahmen (Werbeagenturen)

	Ergebnisverantwortung (erwarteter Beitrag zur Wertschöpfung):
	• Erhöhung des Marktanteils um 5%
Wissen / Erfahrung	• Bei Kundenzufriedenheitsbefragungen Platz Nr. 1 erreichen
☒ BWL Studium mit Schwerpunkt Marketing	• Indirekter Einfluss auf Einkaufsentscheidungen, Umsatz und Ertrag; Umsatz 80 Mio. €, Gewinn 4 Mio.
☒ fundierte Kenntnisse in Marketing und Werbung (vorzugsw. Branded Consumer Goods)	• Werbebudget ca. 2 Mio. € (40 %. klassische Werbung; 60% Erlösschmälerungen); Optimierte Mittelallokation; realisierte Einsparungen über Standardisierungen in der Markenführung, Optimierung Media-Mix
☒ Führungserfahrung (mind. 3 Jahre Führung von Führungskräften)	• Erhöhte Profitabilität des Gesamtgeschäftes durch priorisierte und umgesetzte Marketingmaßnahmen
☒ Internationale Erfahrung	• Gesteigerter Markenwert und optimierte Geschäftsergebnisse; Geschäftsfeld-Forcierung
	• Definieren und Umsetzen der Unternehmens-Brand-Strategie
	• Durchführen von SWOT- und Wettbewerbsanalysen; Analyse von Markt- und Kundendaten; Ableiten von innovativen Marketingkonzepten
	• Entwickeln von „State of the Art" Marketingprozessen zur Umsetzung der Unternehmens-Gesamtstrategie
	• Entwickeln eines Strategiemasterplans auf Basis der Sortimentsstrategien; Priorisieren von Einzelmaßnahmen
	Aktuelle Herausforderungen:
	• Wettbewerbssituation (schnelles Wachstum der wichtigsten Wettbewerber)
	• Marketingorganisation qualifizieren, mehr Innovationen initiieren und implementieren
	• Zusammenarbeit zu Schnittstellen professionalisieren

Vorlage Anforderungsprofil - Beispiel Marketingleiter

Position:	Marketingleiter				
Personalreferent:		**Führungs-kraft:**			
Recruiter:		**Datum:**		**Start:**	
Ähnliche Position / schon bestehende Ausschreibung?					
Job-Spezifikation siehe Formular im Anhang					
Fachliche Voraussetzung (Ausbildung, Qualifikation, Erfahrung, Spezialkenntnisse, Sprachkenntnisse)				**Muss**	**Kann**
Anforderung Kompetenzen - Konkretisierung und Ausprägung (1-4)					
Ziel- und Ergebnisorientierung					
Analytisch-strategische Kompetenz					
Kundenorientierung					
Teamfähigkeit und interkulturelle Kompetenz					
Veränderungsfähigkeit					
Führung					
Selbstorganisation und Planungs-kompetenz					
Aufgaben/Erwartete Strategie- und Ergebnisbeiträge					

Zusätzliche Anforderungen (Was muss jemand wissen/wollen/können, um diese Aufgabe zu erfüllen? Was unterscheidet einen erfolgreichen von einem weniger erfolgreichen Positionsinhaber?)

→

→

→

Erfolgskritische Situationen (Welche Situationen gilt es wie zu bewältigen, um mittelfristig in dieser Position erfolgreich zu sein? Was unterscheidet einen erfolgreichen von einem weniger erfolgreichen Positionsinhaber in diesen erfolgskritischen Situationen?)

Qualitäts-Check

Sind alle aufgenommenen Anforderungen eindeutig? Verstehen alle Beurteiler unter den Anforderungen das Gleiche? Ist klar, wie sich die Anforderungen in beobachtbaren Verhaltensweisen am Arbeitsplatz zeigen?

Ergänzende Informationen		Vakanzen:	
Strategie/anstehende Projekte:			
Mitarbeiterverantwortung:			
Berichtet an:			
Teamgröße:	Alter der Teammitglieder:		
Warum ist die Vakanz entstanden (ggf. Kündigungsgrund):			
Entwicklungsperspektiven in welchem Zeitraum:			
Reiseanteil (wohin, wie oft):			
Standort:			
Gehalt bis max.:			
Abwesenheiten des PR (Personalreferent):			
Abwesenheiten der FK (Führungskraft):			
Termin für TOP5:			

Information von Rekruiter an Personalreferent/Führungskraft zu Kapazitätsauslastung und möglichen Zeitpunkt der Weiterleitung der TOP5 Kandidaten
Qualitäts-Check
Ist die Zeitschiene mit dem Fachbereich abgestimmt? Wurden Abwesenheiten in naher Zukunft abgefragt? Kennt der Fachbereich das Vorgehen in Interviews?
Geblockte Termine für Vorstellungsgespräche
Weitere Anmerkungen / zu beachten

Kapitel 4

Vorlage Mitschriftbogen 1

Name des Kandidaten:	Datum:
Aussagen des Kandidaten:	Kompetenzen – Entwicklungsfelder:
Hypothesen:	Hot Buttons:

Vorlage Mitschriftbogen 2

Position:	Name d. Kandidaten:	Interviewer:	
Interview	**Aussagen des Kandida-ten**	**Muss-Kriterien***	
		Stärken	**Entwicklungsfelder**
1. Rolle, Aufgaben, Ergebnisbeiträge			
2. Mögen/ Nicht-mögen			
3. Critical Incidents/ Handlungsfragen			
4. Erlerntes			
5. Feedback			
6. Selbsteinschätzung			
7. Vorherige Jobs			
8. Ausbildungen/ Weiterbildungen			
9. Zukunft			
Erste Eindrücke/Hypothesen:		Konkrete Beispiele/konkretes Verhalten:	

* vor jedem Interview Job-spezifische Muss-Kriterien eintragen

Vorlage Fragenkatalog: Exemplarische Fragen zu Kernkompetenzen

Im Rahmen der halbstandardisierten Struktur haben wir eine klare Logik entwickelt, nach der wir interviewen: Wir erfassen zunächst die Rolle, Vorlieben und Abneigungen, Motive und natürlich vor allem Stärken und Entwicklungsfelder im Hinblick auf die Anforderungen, die das Unternehmen und ganz besonders die ausgeschriebene Aufgabe stellen. Dazu bilden wir Hypothesen zu den Kernkompetenzen, die wir im Lauf des Interviews überprüfen müssen. Das heißt, wir müssen an passender Stelle noch einmal gezielt nachhaken und analysieren. Hier haben wir Ihnen eine Übersicht an Fragen zusammengestellt, die für die Entwicklung von Fragen zur Überprüfung der Kernkompetenzen hilfreich sein können, aber natürlich entsprechend der Interviewsituation inhaltlich angepasst werden müssen:

Ziel- und Ergebnisorientierung
(Persönlichkeitsmerkmal: Gewissenhaftigkeit, Motiv: Leistung und Macht)

- Was waren die beiden größten Herausforderungen, vor denen Sie in letzter Zeit standen?
    - Welche Bedeutung hatten diese Herausforderungen für Ihr Unternehmen?
    - Was waren Ihre Ziele? Was sollte am Ende für eine Lösung stehen?
    - Welche Schritte haben Sie unternommen, um diese Ziele zu erreichen?
    - Wer oder was hat Ihnen dabei geholfen?
    - Welche Hindernisse standen Ihnen im Weg?
    - Welche Ergebnisse haben Sie erzielt? (Wie sahen diese Ergebnisse im Vergleich zu den Zielen aus?)
    - Welche Fähigkeiten haben Sie eingesetzt, die zum Erfolg geführt haben?
    - Was haben Sie nicht ganz erreicht, was Sie sich eigentlich vorgenommen hatten?
    - Was haben Sie aus all dem gelernt?

- Kandidat berichtet von Aufgaben oder Projekten:
    - Woran machen Sie einen erfolgreichen Abschluss fest?
    - Durch welche Aktivitäten/Entscheidungen/Interventionen haben Sie sichergestellt, dass die angestrebten Ziele erreicht werden können?
    - Was machen Sie – vielleicht auch im Vergleich zu anderen – anders, um Ihre Ergebnisse zu sichern?
    - Wenn Sie an neue Aufgaben herangehen (Beispiel aus vorher Gesagtem aufgreifen), was sind die ersten 2-3 Dinge, die Sie als erstes anpacken?
    - Nach welchen Kriterien/Messgrößen definieren Sie für sich, wann Sie mit der Erfüllung zufrieden sind?

- Auf einer Skala von 1-10 (1 = niedrig, 10 = hoch), wie ergebnisorientiert schätzen Sie sich ein? Geben Sie mir bitte ein paar Stichworte zur Verdeutlichung Ihrer individuellen Ausprägung (z.B. Warum so weit oben? Was machen Sie anders als andere zum Thema Ergebnisorientierung? Was fehlt zu einer noch höheren Einschätzung?)

Schauen Sie nach folgenden Fähigkeiten:

✓ die Größe der Herausforderungen – kleine oder große Projekte – richtig einschätzen
können

✓ Leistungsanspruch: Pläne erreichen oder übertreffen können, nicht vollständig zufrieden sein; d.h. auch bei guten Ergebnissen noch nach Steigerungsmöglichkeiten suchen
und die eigene Leistung selbstkritisch einordnen

✓ sich selbst an Zahlen, Daten und Fakten messen

✓ die Verantwortung für Misserfolge übernehmen

✓ Probleme frühzeitig erkennen und Hindernisse überwinden

Analytisch-strategische Kompetenz
(Persönlichkeitsmerkmal: Offenheit für neue Erfahrungen, v.a. Komplexitätsverarbeitung,
Motiv: Neugierde)

■ Berichten Sie mir bitte von einer komplexen Aufgabe, vor der Sie gestanden haben und
die nur schwer zu lösen war.

– Was haben Sie getan, um das Problem zu verstehen?
– Welche Zahlen, Daten, Fakten haben Sie dafür analysiert?
– Wie leicht oder schwierig war es für Sie, an diese Zahlen zu kommen?
– Was waren die konkreten Symptome, was waren die Ursachen des Problems?
– Wie beeinflusste der Wettbewerb das Problem?
– Welche Lösungsansätze haben Sie herausgearbeitet?
– Welches sind die größten Veränderungen in Ihrer Branche in den letzten Jahren?
Welche weiteren Veränderungen sehen Sie auf Ihre Branche zukommen?
– Welches sind die kurzfristigen, welches die langfristigen Herausforderungen für
Ihr Unternehmen, Ihren Bereich?

■ Können Sie mir in wenigen Stichworten die Essenz dieser Aufgabe (Ihrer Diplomarbeit,
des Projektes, Konzeptes, etc.) nennen?

■ Nehmen wir an, Sie würden bei uns anfangen und wir würden Sie mit der Aufgabe
betrauen, die Abteilung im Hinblick auf Optimierungspotenziale zu analysieren – wie
würden Sie vorgehen?

– Was sind die 2-3 Dinge, die Ihnen besonders wichtig sind, um mögliche Optimierungspotenziale zu erkennen?

■ Was sind Ihrer Meinung nach die 3 wichtigsten Einflussgrößen für die erfolgreiche
Zielerreichung in Ihrem Bereich/Ihrer Aufgabe?

– Was ist der Hintergrund der Auswahl dieser 3?

■ Welchen Vorsprung haben Sie gegenüber Ihren Wettbewerbsunternehmen, in welchen
Bereichen hinken Sie hinterher?

■ Welche Rolle spielt Ihr Bereich bei der Lösung der strategischen Fragen in Ihrem Unternehmen?

■ Welche 2-3 (regionalen/internationalen) Marktentwicklungen (alternativ: Kundenbedarfsentwicklungen, technische Entwicklungen etc.) sind für Ihre Arbeit derzeit die relevantesten?

Schauen Sie nach folgenden Fähigkeiten:

✓ komplexe Probleme von verschiedenen Seiten sehen können

✓ ein komplexes Problem klar formulieren können

✓ offen für die Ideen anderer sein

✓ eigene Annahmen und Überzeugungen in Frage stellen

✓ hinter das Offensichtliche schauen und das Verborgene erkennen

✓ logisch an Probleme herangehen

✓ den Markt mit seinen Möglichkeiten und Risiken verstehen

Kundenorientierung
(Extroversion: Kontaktbedürfnis, Umgänglichkeit, Egozentrie, Motiv: Beziehungen)

■ Bitte beschreiben Sie mir einen Ihrer typischen Kunden – Ausbildung, Einkommen, Präferenzen, Bedürfnisse.

■ Was hat sich im Verhalten Ihrer Kunden in der letzten Zeit verändert? ... Was tun Sie, um darauf zu reagieren?

■ Bitte schildern Sie mir ein typisches Kundengespräch ... Wie ermitteln Sie den Bedarf des Kunden? Was machen Sie anders als andere?

■ Bitte schildern Sie mir eine Situation aus der letzten Zeit, in der Sie die Erwartungen eines Kunden übertroffen haben ... Woher wussten Sie, dass Sie die Erwartungen übertroffen haben? Was hat Sie dazu gebracht?

■ Bitte schildern Sie mir eine Situation, in der Sie den Erwartungen eines Kunden nicht entsprechen konnten.

– Wie hat der Kunde reagiert?
– Welche Folgen hatte das?
– Was konnten Sie tun, um den Kunden zu halten?

■ Bitte schildern Sie mir eine Situation, in der Sie einen Konflikt zwischen den Interessen des Kunden und den Interessen Ihres Unternehmens gelöst haben ... Was würden Sie beim nächsten Mal anders machen?

■ Schildern Sie mir bitte einen „guten" Kunden.

    – Was macht ihn aus?
    – Was haben Sie getan, dass er ein guter Kunde geworden ist?
    – Was tun Sie, um diesen Kunden zu binden?

■ Bitte beschreiben Sie mir einen Ihrer schwierigen Kunden.

    – Was macht ihn zu einem schwierigen Kunden?
    – Was hat Ihr Unternehmen, was haben Sie gemacht, dass er schwierig geworden ist?
    – Was tun Sie, um ihn dennoch zu halten?

■ Wann haben Sie zuletzt einen Kunden verloren?

    – Bitte schildern Sie mir die Situation?
    – Was war der Hintergrund?
    – Was haben Sie erreichen wollen?
    – Was haben Sie geschafft, was haben Sie nicht geschafft?

■ Welches Feedback haben Sie in letzter Zeit von Ihren Kunden erhalten? ... Holen Sie sich aktiv Feedback von ihren Kunden ein? Wenn ja: Wie machen Sie das?

Schauen Sie nach folgenden Fähigkeiten:

✓ Kunden gut zuhören und ihre Bedürfnisse verstehen

✓ die eigenen Produkte und Dienstleistungen gut kennen – und die des Wettbewerbs

✓ Kunden unterschiedliche Lösungen anbieten

✓ kontinuierlich daran arbeiten, den Kundenservice zu verbessern

✓ schnell, zuverlässig und nachhaltig auf Kunden-Feedback reagieren

✓ sicherstellen, dass Kundenprobleme gelöst werden

✓ hohe Anforderungen an sich stellen im Umgang mit Kunden

✓ andere Bereiche im Unternehmen nutzen, um auf Kundenbedürfnisse zu reagieren

✓ wenn nötig, Kunden gegenüber auch einen festen Standpunkt vertreten können

Teamfähigkeit
(Persönlichkeitsmerkmale: Extroversion und Umgänglichkeit, Motive: Beziehungen und Teamarbeit)

■ Auf einer Skala von 1-10 zwischen Extraversion und Introversion, wo würden Sie sich eher einordnen?

– Wenn Sie es prozentual gewichten – wie viele Anteile Extroversion, wie viele Introversion haben Sie?
– Geben Sie mir bitte ein paar Situationen, in denen Sie viel Kontakt bevorzugen bzw. wo Sie die Unabhängigkeit und Ruhe für sich schätzen.

■ In Ihrem täglichen Geschäft: Welche Themen kommunizieren Sie wie am liebsten (was in Teambesprechungen, in Einzelgesprächen, per Mail)?

■ Bitte schildern Sie mir eine Situation aus der letzten Zeit, in der es schwierig war, jemandem zuzuhören?

■ Wann haben Sie das letzte Mal jemanden zum Sprechen gebracht, der ein Problem Ihnen gegenüber zurückhielt?

– Bitte schildern Sie die Situation.
– Was haben Sie getan?
– Was hat Sie dazu veranlasst?
– Wie ging die Situation aus?

■ Bitte schildern Sie mir, wie es Ihnen zuletzt gelungen ist, jemanden oder eine Gruppe von etwas zu überzeugen.

– Wie sah die Ausgangslage aus?
– Welche Meinungen vertraten die anderen?
– Wie haben Sie argumentiert?
– Was waren die Widerstände?
– Wie sah das Ergebnis aus?

■ Bitte schildern Sie mir eine Situation, in der Sie Ihre eigene Meinung im Team hinten angestellt haben?

– Was hat Sie dazu bewogen?
– Zu welchem Ergebnis ist es gekommen?
– Wenn Sie noch einmal an die gleiche Situation herangehen könnten – was würden Sie wieder genauso machen, was anders?

■ Welche Rolle übernehmen Sie am ehesten in Ihrer Arbeitsgruppe?

– Analytiker? Kreativer? Denker? In-Frage-Steller? Führer? Beobachter?
– Was tun Sie, um diese Rolle einzunehmen?

■ Welches Feedback bekommen Sie von Ihren Kollegen in der Gruppe?

   – Welche 3-4 Eigenschaften schätzen sie an Ihnen besonders?
   – Welche 1-2 Eigenschaften von Ihnen würden sie am liebsten ein wenig verändern?

■ Bitte schildern Sie mir eine besonders herausfordernde Situation in Ihrem Team?

   – Was war schwierig?
   – Was wollten Sie erreichen?
   – Was haben Sie unternommen?
   – Was hat funktioniert? Was nicht?

■ Haben Sie auch schon einmal ein Problem allein lösen müssen, weil das Team einfach nicht schnell genug reagiert hat?

   – Was waren die 2-3 wichtigsten Aktionen oder Entscheidungen, die Sie unternommen oder getroffen haben?
   – Was war das Ergebnis?

■ Bitte schildern Sie mir, wie Sie in letzter Zeit andere Menschen in eine Entscheidung involviert haben?

   – Was war die Ausgangslage?
   – Was hatten Sie sich vorgenommen?
   – Was waren Hindernisse? Was hat Ihnen geholfen?
   – Was hat geklappt, was nicht?

Schauen Sie nach folgenden Fähigkeiten:

✓ gut zuhören können

✓ die wirklichen Motive anderer verstehen, nicht nur das Gesagte registrieren

✓ Dinge klar, überzeugend und zugewandt darstellen

✓ in wichtigen Situationen andere für sich und seine Sache gewinnen

✓ auch in schwierigen Situationen konstruktiv bleiben

✓ realistische Selbsteinschätzung

✓ Konflikte frühzeitig und positiv ansprechen

✓ Flexibilität, auf unterschiedliche Gegebenheiten zu reagieren – als Teamplayer und als Durchsetzer

Interkulturelle Kompetenz
(Persönlichkeitsmerkmale Extroversion, Umgänglichkeit, Motiv: Beziehungen)

■ Wann und zu welchen Themen haben Sie mit Kunden oder Kollegen aus anderen Ländern zusammengearbeitet?

    – Was hatten Sie vorher über die Kultur der anderen gelesen oder gelernt?

    – Was waren die besonderen Herausforderungen für Sie? Welche Frustrationen haben Sie erlebt? Was haben Sie daraus gemacht?

    – In welchen Situationen hatten Sie ein Gefühl der Unsicherheit und was haben Sie dann unternommen?

    – Was hat Sie in der Zusammenarbeit überrascht? Was war schwierig?

    – Wie haben Sie die Herausforderungen gelöst?

    – Haben Sie etwas anders gemacht als in der Arbeit mit Ihren langjährigen Kollegen?

    – Wie sind Sie mit Konflikten in der gemischten Gruppe umgegangen? Was hat funktioniert, was nicht?

■ Was haben Sie über sich in der Arbeit mit den anderen Kulturen gelernt?

■ Was haben Sie über die anderen Kulturen gelernt?

Schauen Sie nach folgenden Fähigkeiten:

✓ kennt eigene Werte, Stärken und Entwicklungsfelder

✓ versteht kulturelle Unterschiede

✓ zeigt die notwendige Flexibilität, auf unterschiedliche Situationen zu reagieren

✓ kann Beziehungen zu Mitarbeitern anderer Kulturen aufbauen

✓ bezieht andere angemessen ein

Veränderungsfähigkeit
(Persönlichkeitsmerkmal: Offenheit für neue Erfahrungen und Bedürfnis nach Stabilität, Motive: Neugierde, Ruhe)

■ Bitte schildern Sie uns eine Situation aus der letzten Zeit, in der Sie den Status Quo in Ihrer Organisation herausgefordert haben? Was wollten Sie verändern? Was waren Ihre wichtigsten Gründe, die Veränderung anzustreben?

■ Welche Risiken sind Sie mit der Veränderung eingegangen? Was stand auf dem Spiel?

■ Mit welchen positiven Ergebnissen haben Sie gerechnet?

■ Welche Widerstände haben Sie erwartet?

■ Welche Widerstände sind eingetreten, wie haben Sie darauf reagiert?

■ Wie haben Sie andere in den Veränderungsprozess einbezogen?

- Welche Ergebnisse haben Ihre Veränderungen erbracht? Wie hat sich das in Zahlen, Daten, Fakten niedergeschlagen?

- Wie haben Sie sicherstellen können, dass Ihre Veränderungen nachhaltig geblieben sind?

- Welche Veränderung in Ihrem beruflichen Leben ist Ihnen in letzter Zeit leicht gefallen?

- Welche Veränderung ist Ihnen nicht ganz so leicht gefallen? Was war die Herausforderung?

- Welches Feedback haben Sie von anderen zu Ihren Veränderungen erhalten?

- In welchen Bereichen haben Sie sich in letzter Zeit verändert?

- Wie ist es Ihnen gelungen, diese Veränderungen zu schaffen?

Schauen Sie nach folgenden Fähigkeiten:

✓ erkennt die Notwendigkeit von Veränderungen

✓ sucht nach Verbesserungen und Entwicklungsmöglichkeiten

✓ differenziert, wie Menschen auf Veränderungen reagieren

✓ geht an Veränderungsprozesse planvoll heran, kennt Phasen von Veränderungsprozessen

✓ erkennt Risiken und Belohnungen

✓ geht mit Widerständen erfolgreich um

✓ hat Erfahrung, Veränderungen erfolgreich zu implementieren

✓ bezieht andere in Veränderungen ein

✓ ist fähig, schnell zu lernen, schafft sich selber Situationen, in denen er lernen kann, sucht aktiv

✓ Feedback

✓ stellt sicher, dass Veränderungen nachhaltig wirken

Leistungsfähigkeit und Belastbarkeit
(Persönlichkeitsmerkmale: Gewissenhaftigkeit, Offenheit für neue Erfahrungen und Bedürfnis nach Stabilität, Motive: Macht, Leistung und Bedürfnis nach Ruhe/Rhythmus)

- Wie sehen Sie Ihre Leistung im Vergleich zu Ihren Kollegen?

  – Was können Sie besser? Was müssen Sie im Vergleich zu den anderen noch lernen?

- Wie schneiden Sie im Vergleich zu Kollegen aus Wettbewerbsunternehmen ab?

■ Beschreiben Sie bitte, welche Anforderungen Sie an sich selbst stellen. Was verlangen Sie von sich? Was verlangen Sie nicht?

■ Woran messen Sie sich in Ihrer jetzigen Aufgabe?

- Wie schneiden Sie in Ihrer eigenen Einschätzung ab?
- Was gelingt Ihnen gut?
- Was noch nicht so gut?
- Was führt dazu, dass es so ist?
- Woran arbeiten Sie derzeit, um noch besser zu werden?

■ Schildern Sie mir bitte eine Situation, in der Sie zu viele Dinge gleichzeitig zu erledigen hatten.

- Was haben Sie gemacht?
- Welche Dinge haben Sie nach hinten geschoben?
- Was haben Sie sofort erledigt?
- Was waren die Gründe dafür?
- Was war das Resultat?

■ Welches Feedback von Ihrem Chef und von Ihren Kollegen haben Sie damals erhalten? ... Was haben Sie daraus gelernt?

■ Wann haben Sie schon mal Ihre Kapazitätsgrenzen erlebt?

- Was haben Sie getan?
- Wie tanken Sie wieder Energie auf?

Schauen Sie nach folgenden Fähigkeiten:

✓ stellt hohe Anforderungen an sich selbst

✓ hört erst auf, wenn das Problem gelöst ist

✓ geht konstruktiv in den Wettbewerb mit anderen

✓ lernt und zieht die richtigen Konsequenzen

✓ offen für das Feedback anderer

✓ bleibt in Stresssituationen konstruktiv

✓ differenziert Dringlichkeit und Wichtigkeit

✓ kann pragmatisch entscheiden und handeln

✓ geht über das Normale hinaus, wenn es die Situation erfordert

Selbstorganisation und Planung
(Persönlichkeitsmotiv: Gewissenhaftigkeit, Motiv: Struktur und Ordnung)

■ Welche sind die wichtigsten Ziele Ihres Unternehmens? Welche Ziele hat Ihr Bereich? Welche haben Sie?

■ Was sind momentan Ihre wichtigsten Prioritäten?

– Warum gerade diese? Wie entscheiden Sie über Ihre Prioritäten?
– Wen involvieren Sie?

■ Wie unterscheiden Sie, was sofort erledigt werden muss und was noch warten kann?

■ Was muss in Ihrer jetzigen Aufgabe geplant werden?

■ Welche Planungsinstrumente nutzen Sie? Welches funktioniert für sie besonders gut?

■ Bitte berichten Sie mir, wie Sie bei der Planung eines wichtigen Projekts Probleme antizipiert haben?

■ Welches Projekt, an dem Sie gearbeitet haben, ist nicht realisiert worden?

– Was waren die Gründe?
– Was haben Sie daraus gelernt bzw. würden Sie beim nächsten Mal anders machen?

■ Wie messen Sie Ihr Ergebnis, wenn Sie eine wichtige Aufgabe erledigt haben?

Schauen Sie auf folgende Fähigkeiten:

✓ kann realistische Ziele aufstellen

✓ kann Plan in Meilensteine unterteilen

✓ baut Kontrollen in seinen Plan ein

✓ holt sich Input von anderen, um Prioritäten und Ziele festzulegen

✓ ist verlässlich

✓ arbeitet mit hohem Maß an Selbstverantwortung

✓ kann konstruktiv nein sagen, wenn es notwendig ist

✓ bleibt an den wichtigen Dingen dran

✓ verliert sich nicht im Detail

✓ erreicht seine Ziele

Vorlage unzulässige Fragen: Was darf gefragt werden — was nicht?

Das Allgemeine Gleichbehandlungsgesetz (AGG) untersagt bestimmte Fragen. Nach den persönlichen Verhältnissen darf etwa nur dann gefragt werden, wenn im Hinblick auf den Arbeitsplatz und die Tätigkeit ein „berechtigtes und schutzwürdiges Interesse des Arbeitgebers besteht. Darunter fallen Fragen nach einem polizeilichen Führungszeugnis sowie nach den Vermögensverhältnissen (speziell Schulden). Gänzlich unzulässig sind Fragen nach Heiratsabsichten oder Kinderwünschen.

Wenn der Arbeitgeber unzulässige oder verbotene Fragen stellt, muss ein Kandidat diese Fragen nicht beantworten. Da es für einen Kandidaten problematisch ist, Fragen nicht zu beantworten, kann er unzulässige Fragen bewusst falsch beantworten. Der Arbeitgeber kann in diesem Fall nicht den Arbeitsvertrag anfechten.

Die herrschende Lehre und die Rechtsprechung gehen davon aus, dass der Arbeitgeber ein Recht hat, bei Bewerbungsgesprächen Fragen an den Kandidaten bezüglich des bisherigen Werdeganges, der schulischen und beruflichen Entwicklung und nach Daten aus dem persönlichen Umfeld zu stellen.

Diese Fragen beziehen sich meist auf folgende Bereiche:

- sachliche und persönliche Eignung des Kandidaten für eine bestimmte Stelle, also den Vergleich zwischen Anforderungs- und Fähigkeitsprofil (Kernkompetenzen)

- Verträglichkeit und Anpassungsfähigkeit des Kandidaten in Bezug auf vorhandene Teams und Kollegen

- Entwicklungspotenzial des Kandidaten für höhere Positionen

Das Fragerecht des Arbeitgebers ist insoweit eingeschränkt, als dieser nach den persönlichen Verhältnissen nur fragen darf, wenn im Hinblick auf den Arbeitsplatz und die Tätigkeit ein **„berechtigtes und schutzwürdiges Interesse"** des Arbeitgebers besteht. Ein berechtigtes und schutzwürdiges Interesse ergibt sich z.B. bei Aspekten, die bei einer eventuellen Einstellung für den Arbeitgeber ein nicht unerhebliches Risiko bedeuten würden.

Die Zulässigkeit einer Frage richtet sich nach der Abwägung der Interessen eines Kandidaten an seinem Persönlichkeitsschutz und dem Interesse des Arbeitgebers an der Aufklärung über den Kandidaten. Eine eventuelle spätere Anfechtung eines Arbeitsvertrages für den Fall, dass der Kandidat auf Fragen unwahr geantwortet hat, richtet sich nach der Zulässigkeit der Frage im Bewerbungs- oder Vorstellungsgespräch.

Einzelne Fragenkomplexe

a. **Beruflicher und persönlicher Werdegang**

Der Bewerber muss wahrheitsgemäße Aussagen über seinen beruflichen und persönlichen Werdegang machen. Eventuell verlangte Zeugnisse und Prüfungsnoten müssen dem Arbeitgeber vorgelegt werden. Ungünstige Zeugnisse und Noten brauchen nur auf ausdrückliches Verlangen hin vorgelegt werden.

b. **Gehaltshöhe in der bisherigen Stellung**

Nach einem Urteil des BAG ist die Frage nach der bisherigen Vergütung unzulässig, d.h. der Bewerber braucht diese nicht zu beantworten, da es (laut BAG) dem Arbeitgeber nicht zukomme, seine Vergütungszusage nach dem bisherigen Verdienst auszurichten.

Auf der anderen Seite darf der Bewerber nicht lügen. Gibt er ein höheres Gehalt an, als er derzeit wirklich verdient, so ist der Arbeitgeber berechtigt, den Arbeitsvertrag anzufechten. Zulässig ist die Frage aber, wenn der Bewerber die bisherigen Bezüge von sich aus zur Mindestbedingung macht oder diese Schlüsse auf seine Eignung für die angestrebte Position zulassen (z.B. wenn der Bewerber eine leistungsabhängige Vergütung bezogen hat).

c. **Gewerkschafts-, Partei- oder Religionszugehörigkeit**

Nach diesen Zugehörigkeiten darf grundsätzlich nicht gefragt werden. *Ausnahme sind Tendenzunternehmen* – konfessionelle Einrichtungen dürfen nach der Konfession, parteipolitische Institutionen nach der Parteizugehörigkeit fragen.

d. **Krankheiten und Kuren**

Fragen nach derzeit bestehenden schwerwiegenden Erkrankungen, nach früheren Erkrankungen und/oder Kuren sind nur insofern zulässig, als an ihrer Beantwortung für den Betrieb, die übrigen Mitarbeiter z.B. ansteckende Krankheiten oder die Arbeit z.B. Allergie auslösende Stoffe ein besonderes Interesse besteht. Zulässig ist aber z.B. die Frage: „Waren Sie in den letzten beiden Jahren wegen schwerwiegenden oder chronischen Erkrankungen, die Einfluss auf Ihre Arbeitsleistung haben könnten, arbeitsunfähig krank?" Von sich aus muss der Bewerber lediglich ansteckende Krankheiten oder eine Kur oder Arbeitsunfähigkeit zum Zeitpunkt des voraussichtlichen Arbeitsantrittes angeben.

e. **Schwangerschaft**

Die Frage nach Bestehen einer Schwangerschaft ist generell unzulässig, da sie eine geschlechtsspezifische Frage darstellt und dem Grundsatz nach Gleichbehandlung der Geschlechter nach Art. 3 Abs. 2 GG zuwider läuft.

Eine Ausnahme ist lediglich dann gegeben, wenn sich ausschließlich Frauen auf die Stelle bewerben. Eine Mitteilungspflicht besteht im Falle der Schwangerschaft nur, wenn die Umstände die Arbeitsleistung unmittelbar beeinflussen, d.h. wenn es sich um eine Stelle handelt, die von Schwangeren nicht ausgeführt werden kann oder darf.

f. **Schwerbehinderung (über 50 %)**

Die Frage nach einer bestehenden Schwerbehinderung muss vom Bewerber wahrheitsgemäß beantwortet werden und ist uneingeschränkt zulässig.

g. **Vermögensverhältnisse**

Nach den Vermögensverhältnissen darf sich der Arbeitgeber nur erkundigen, wenn er ein berechtigtes Interesse hat, d.h. diese Frage wird in der Regel nur bei höherrangigen Angestellten zulässig sein, die Einblick oder Zugang zu Vermögen und Kapital des Arbeitgebers haben, oder bei solchen Angestellten, die eine besondere Vertrauensstellung einnehmen sollen wie z.B. Kassierer oder Geldwagenfahrer.

h. **Vorstrafen**

Nach Vorstrafen darf der Arbeitgeber nur fragen, wenn der Bezug zu der zukünftigen Tätigkeit sichergestellt ist. Wenn jemand sich z.B. als Kraftfahrer bewirbt und schon wegen Verkehrsdelikten vorbestraft ist, muss dieser bei einer entsprechenden Frage wahrheitsgemäß antworten. Dasselbe gilt z.B. für einen Kassierer, der wegen Vermögensdelikten vorbestraft ist. Zur Einholung eines polizeilichen Führungszeugnisses ist in jedem Falle die Zustimmung des Bewerbers erforderlich.

i. **Wettbewerbsverbote**

Etwa bestehende Wettbewerbsverbote muss der Bewerber von sich aus nach Ort, Dauer und Gegenstand angeben.

→ **Fragen bezogen auf die Privatsphäre sind generell unzulässig.**

Vorlage Checkliste Interviewablauf

Für einen besseren Überblick haben wir Ihnen hier noch einmal die wichtigsten Gesprächsabschnitte zusammen mit ein paar typischen Fragen zusammengefasst.

Gesprächsbeginn

■ Warm-up

- Wie war ihre Anreise?
- Waren Sie schon einmal in unserer Stadt?
- Aufgreifen von Hobbys (Lebenslauf), z.B: Wie spielt Ihr Fußballverein momentan? Oder Aktuellem, z.B.: Als wir vor zwei Wochen telefonierten, waren Sie ja gerade auf dem Sprung in den Urlaub – wie war's?

■ Vorstellung der Interviewer und des Unternehmens

- Vorstellung der Personen (die sich noch nicht vorgestellt haben/noch nicht mit dem Kandidaten telefoniert haben) und 1-2 Sätze zum Unternehmen: Wir dürfen sie herzlich willkommen heißen bei – *Firmenname* – bekannt als … in der Branche … (Positionierung o.Ä.)
- Mit Interesse haben wir Ihren Lebenslauf gelesen und freuen uns nun, Sie persönlich kennenzulernen. Wir haben heute die Gelegenheit herauszufinden, ob wir zueinander passen könnten. Wenn Sie und wir das Gespräch positiv erleben, werden wir weitere Gespräche führen.
- Wir würden Ihnen gerne Fragen zu Ihrer jetzigen Aufgabe stellen. Später gehen wir dann noch auf vorherige Stationen ein.

- Nach unseren Fragen haben Sie natürlich Gelegenheit, die für Sie wichtigen Fragen stellen zu können.
- Passt das so für Sie?

■ Appell an Offenheit

- Wir haben in unserem Unternehmen die Erfahrung gemacht, dass es für Sie und für uns am besten ist, wenn wir in großer Offenheit sprechen. Damit können wir die gegenseitigen Erfahrungen am besten klären. Ich verspreche Ihnen deshalb, alle Ihre Fragen offen zu beantworten. Und bin Ihnen sehr dankbar, wenn Sie auf unsere Fragen ebenso offen antworten.

Lebenslaufanalyse I

■ Rolle

- Bitte schildern Sie uns die drei Hauptaufgaben in Ihrer jetzigen Position.
- Wofür genau sind Sie zuständig? An was messen Sie/misst ihr Unternehmen den Beitrag Ihrer Aufgaben?
- An welche Stelle in Ihrem Unternehmen berichten Sie?

■ Vorlieben und Abneigungen

- Welche drei Aspekte Ihrer jetzigen Funktion mögen Sie am liebsten?
- Was genau ist es, das Ihnen Freude daran bereitet?
- In jeder Aufgabe gibt es auch Dinge, die man nicht wirklich bräuchte, um glücklich zu sein. Welche 2-3 Dinge sind das in Ihrer augenblicklichen Funktion?

■ Erfolge und Herausforderungen

- Bitte denken Sie an zwei Erfolge, die Sie in Ihrer jetzigen Position erzielt haben, die Sie ganz besonders gefordert haben. Welche beiden waren das?
  →STAR-L Analyse
- Was war Ihre Ausgangssituation? Was war die Herausforderung?
- Was wollten Sie erreichen, was war Ihr Ziel?
- Welche Maßnahmen haben Sie ergriffen, um Ihr Ziel zu erreichen?
- Was war das konkrete Ergebnis? In Zahlen, Daten, Fakten.
- Jeder von uns trifft in seiner Arbeit viele Entscheidungen. Mit dem zeitlichen Abstand von einigen Monaten würde man die eine oder andere Entscheidung im Nachhinein etwas anders treffen. Welche zwei Themen aus der letzten Zeit gibt es, die Sie heute etwas anders angehen würden?
- Was haben Sie aus der Bewältigung dieser Aufgaben für sich gelernt?

■ Feedback von anderen

- Was schätzt Ihr Vorgesetzter besonders an Ihnen?
- Was hat er in Ihrer letzten Beurteilung besonders positiv bewertet?
- Was schätzen Ihre Kollegen besonders an Ihnen?
- Was schätzen Ihre Mitarbeiter an Ihnen?

- Was würde Ihr Chef sagen: Was könnten Sie noch anders und besser machen als heute?
- Was würden Ihre Kollegen/Mitarbeiter Sie bitten mehr zu tun? Oder weniger? Oder anders?

■ Lernerfahrungen

- Was beherrschen Sie heute besser als noch vor zwei Jahren?
- Was genau macht das aus?

Lebenslaufanalyse II

■ Jetzt gehen wir auf die davor liegenden Aufgaben und/oder Aus- und Weiterbildungen ein und nehmen uns Zeit für vertiefende Fragen bzw. Handlungsfragen.

■ Ich habe in Ihrem Lebenslauf gesehen, dass Sie vor Ihrer jetzigen Stelle als … bei der Firma … waren – können Sie mir in ein paar Sätzen Ihre Rolle dort beschreiben und was sie in dieser Zeit an „Spuren" hinterlassen konnten?

■ Wenn Sie diese Zeit als … (Position) zusammenfassen: Was konnten Sie danach besser, als zum Zeitpunkt, als Sie die Aufgabe übernahmen?

■ Handlungsfragen

- Der Vertrieb macht Druck, der Arbeitsauftrag muss noch heute zum Kunden. Sie wissen, dass das nicht zu schaffen ist. Was tun Sie?
- Sie arbeiten in einem Team im Teamakkord, ein Kollege verlässt zum Rauchen ständig den Arbeitsplatz. Wie gehen Sie vor?
- Ihr Kollege von der Nachtschicht hat seinen Arbeitsplatz nicht sauber hinterlassen, Sie müssen zunächst putzen, bevor Sie arbeiten können. Was tun Sie?
- Die Geschäftsleitung erwartet einen Ausbau der Kundenzahlen um 10 Prozent. Welche ersten Schritte würden Sie unternehmen?

■ Weiterbildungen

- Welche Fortbildungen haben Sie in letzter Zeit absolviert?
- Was können Sie seitdem besser? Was machen Sie anders?

Selbsteinschätzung des Kandidaten

■ Sie haben uns bereits berichtet, was andere an Ihnen besonders schätzen. Wo sehen Sie selbst Ihre 4-5 größten Stärken, die für die offene Stelle relevant sind?

■ Was machen Sie besser als Ihre Kollegen?

■ Wo würden Sie sich auf einer Skala von 1-10 einschätzen im Vergleich zu Ihren Kollegen?

■ An welchen drei Feldern arbeiten Sie, um noch ein wenig besser zu werden?

Zukunftsperspektive

■ Wenn Sie allein darüber bestimmen dürften – was würden Sie in 3-5 Jahren am liebsten beruflich machen?

■ Wie viel Ihrer Zeit würden Sie gern für welche Aufgaben aufwenden?

■ Ergänzungen des Kandidaten zu seiner Person bzw. seinem Kompetenzprofil

   – Gibt es noch etwas, worüber Sie uns berichten möchten, was wir bisher noch nicht besprochen haben?

Vorstellung des Unternehmens und der Aufgabe

■ Fragen des Kandidaten

■ Rolle, Anforderungen und Kontext der zu besetzenden Stelle

■ 3-4 Sätze zum Unternehmen: Strategie, Positionierung, Werte

■ Klären von Rahmenbedingungen – Gehalt, Eintrittstermin

Gesprächsabschluss

■ Dank, Ausblick auf die nächsten Schritte, Unternehmensbroschüre oder Mitarbeiterzeitung, Abschluss

Nachbereitung

■ Abstimmung und Entscheidung

Kapitel 5

Vorlage Strukturierte Auswertung des Einstellungsinterviews

Position:						
Personaler:			**Führungskraft:**			
Recruiter:		**Datum:**			**Start:**	

Kompetenzen	MUSS- KANN- Kriterien	Stärken	Entwicklungs- felder	Einschätzung 1 2 3 4
Ziel- und Ergebnisorientierung				
Analytisch-strategische Kompetenz				
Kundenorientierung				
Teamfähigkeit und Interkulturelle Kompetenz				
Veränderungsfähigkeit				
Leistungsfähigkeit und Belastbarkeit				
Selbstorganisation und Planungskompetenz				
Führung				
Fachliche Qualifikation				

MUSS-KANN-Kriterien	Stärken	Entwicklungsfelder

Sonstige Anforderungen		
IT-Kenntnisse:		
Sprachkenntnisse:		
Mobilität:		

Fazit:

Empfehlung:

Unterschriften der Interviewer

Personaler: Interviewer:

Vorlage Beobachtungs- und Feedbackbogen „Kandidaten-Interviews"

Kandidat:		Beobachter				
Beispiele zum Verhalten:		**Beobachtungen**	**Einschätzung**			
			1	**2**	**3**	**4**
BEZUG ZUM BUISNESS/JOB	• Fragt nach im Hinblick auf kritische Erfolgs-faktoren/Situationen der jetzigen/möglichen Position/Verantwortung • Erfragt konkreten Beitrag zur Erreichung der Teamziele – erfragt positionsspezifische Messgrößen • Entwickelt abteilungs- bzw. teambezogene Szenarien/Situationen zur Hypothesen-überprüfung • Stellt Handlungsfragen mit konkretem Bezug zu erfolgskritischen Situationen/ Anforderungen (Job) • Ordnet Relationen/Maßstäbe realistisch ein (Über-/Unterdurchschnittlichkeit von genannten Zielerreichungsquoten)						

EINHALTUNG DER STRUKTUR/STANDARDS	• Freundlicher Kontakt/Blickkontakt(Mimik)/ Lächeln • Auf den anderen eingehen/offene Fragen/den anderen sich „warm reden" lassen • Erfragt konkrete Rollen und (Ergebnis-) Verantwortungen aus dem jetzigen Job • Erfragt Mögen/Nicht-Mögen und erzielt dabei verwertbare Aussagen zur Hypothesenbildung/-prüfung bezüglich der Stärken/Entwicklungsfelder • Erfährt relevante Einstellungen/ Motivationen/Stärken und Entwicklungsfelder • Analysiert Potenzialfaktoren (Umgang mit Komplexität, Lernfähigkeit, Einflussnahme und Ambitionslevel) • Repräsentiert das Unternehmen gemäß Standards, vermittelt Kernwerte des Unternehmens					
GESPRÄCHSFÜHRUNG	• Steuert das Gespräch klar durch qualitative Fragen • Führt Kandidat weg von Umfeld und Job-Aussagen hin zu Kompetenzen/Potenzialen • Arbeitet durchweg mit positiven/ verstärkenden Formulierungen/Fragen • Gesprächsanteil 85:15					

QUALITÄT DER FRAGEN	• Offene Fragen • Fragetrichter/STAR-L • Führt weg von Umfeld/Job hin zu qualitativen Aussagen über die Person • Stellt Handlungsfragen (jobspezifische Szenarien) • Ist abwechslungsreich im Einleiten von Fragen/Beschreiben von Szenarien • Fasst zusammen, wiederholt Worte/Sätze, um das Weiterreden des Kandidaten zu animieren • Fragen sind positiv formuliert
EINSCHÄTZUNG DES KANDIDATEN	• Kurze, prägnante Aussagen über 5 Stärken, 3 Entwicklungspotenziale (siehe Anforderung/Job-Spezifikation) • Praxisrelevanter Differenzierungsgrad • Klarer Bezug der Stärken/Entwicklungspotenziale des Kandidaten zu den Schlüsselqualifikationen/Job-Spezifikation/Job-Eignung • Nachvollziehbarkeit der getroffenen Einschätzung anhand von Beispielen • Bietet sichere Entscheidungsgrundlage zur Einschätzung der Job-Eignung bzw. des Potenzials • Kennt eigene „Hot Buttons"

Literaturverzeichnis

Berkemeyer, Robert: *Gallup-Studie 2010: Jeder fünfte Mitarbeiter hat innerlich gekündigt*, http://berkemeyer.net/news/gallup-studie

Borkenu, P. und Liebler, A.: *Trait interferences. Sources of valitiy at zero acquaintance*, in: Journal of personality and Social Psychology, 62, 1992, S. 645-657

Burud, Sandra und Tumolo, Marie: *Leveraging the New human capital*; Davies-Black Publishing 2004

Buckingham, Marcus und Coffman, Curt: *Erfolgreiche Führung gegen alle Regeln*, Campus 2001

Colvin, Geoff: *Talent is overrated – What really separates world-class performers from everybody else*, Nicholas Brealey Publishing 2008

Collingwood, Harris; Goleman, Dan; Tedlow, Richard; Peace, William; Pagonis, William: Harvard Business Review on Breakthrough Leadership, 2002, S. 8

Corporate Leadership Council: *Building the High Performance Workforce*, Kurzbericht 11/2005 (Kapitel 1 Seite 4 IAB) + Kurzbericht 13/2009

Dahm, Johanna: *Schlüsselkompetenzen der Zukunft. Was im Berufsleben zählt.* Volk-Verlag 2005

Drucker, Peter: The Essential Drucker: *In One Volume the Best of Sixty Years of Peter Drucker's Essential Writings on Management*, Kindle Edition 2009

Eilles-Matthiessen, Claudia; el Hage, Natalija; Janssen, Susanne und Osterholz, Antje: *Schlüsselqualifikationen in Personalauswahl und Personalentwicklung – Ein Arbeitsbuch für die Praxis*, Hans Huber-Praxisreihe 2007

Esser, Marco und Schelenz, Bernhard: *Erfolgsfaktor HR Brand – Den Personalbereich und seine Leistungen als Marke managen*, Publicis 2011

Fear, Richard A. und Chiron, Robert J.: *The Evaluation Interview*, McGraw-Hill 2002 (5. Auflage)

Fuchs, Helmut und Huber, Andreas: *Die 16 Lebensmotive – Was uns wirklich antreibt*, dtv-premium 2002, S. 10-11 und S. 86-90

Fuchs, Johanna und **Zika,** Gerd: *Studie des Instituts für Arbeitsmarkt- und Berufsforschung, einer Forschungseinrichtung der Bundesagentur für Arbeit,* http://doku.iab.de/kurzber/2010, S. 2

Gallup Institut: *Gallup-Studie 2010,* zitiert in Financial Times, 10/2005, Deutschland www.ftd.de

Gladwell, Malcolm: *Outliers,* Penguin, 2009, S. 8

Gladwell, Malcolm: *What the dog saw: and other adventures,* Back Bay Books 2010, Kapitel 5, S. 1/S. 380

Great Leadership: *Potenzial and Performance Matrix,* www.greatleadershipbydan.com/2007/11/using-performance-and-potential-matrix.html

Hoffmann, Eberhardt: *Einstellungsgespräche erfolgreich führen,* Gabler 2008

Howard, Pierce J. und Mitchell Howard, Jane: *Führen mit dem BIG-FIVE Persönlichkeits-modell,* Campus 2002

Kellner, Hedwig: *Das geheime Wissen der Personalchefs,* Eichborn-Verlag 1998

Kraus, Dr. Georg: *Personal Karriereplanung für das zukünftige Top-Management,* www.onpulson.de, 13.12.2010

Krug, Joachim Siegbert und Kuhl, Ulrich: *Macht, Leistung, Freundschaft – Motive als Erfolgs-faktoren in Wirtschaft, Politk und Spitzensport,* Kohlhammer 2006

Leadership IQ, *Why new hires fail,* www.leadershipiq.com, 14.08.2009

Lucas, Manfred: *Arbeitszeugnisse richtig deuten,* Econ-Verlag 2001, S. 163

Lorenz, Michael und Rohrschneider, Ute: *Erfolgreiche Personalauswahl, Wie Sie qualifizierte Bewerber finden,* Gabler 2009

Maier, Norbert: *Erfolgreiche Personalgewinnung und Personalauswahl,* Praxium, 2009, S. 24

McCrae, Robert McCrae und John, Oliver: Journal of Personality – J PERSONALITY , vol. 60, no. 2, 1992, pp. 175-215

Meyer, Doris: *Hochbegabung, Schulleistung und emotionale Intelligenz* – eine Studie, 2003, S. 51

Michler, Inga: *Vielfalt rechnet sich*, www.welt.de, 08.05.2011

Plate, Tobias: *Evaluation der Eignungsdiagnostik bei der Personalauswahl von Unternehmensberatern*, 2006, S. 120

Schiller, Klaus: *Geheime Zeugnissprache*, www.arbeitszeugnis.de

Schuler, Heinz: *Noten als Prädiktoren von Studien- und Berufserfolg*, In D. H. Rost (Hrsg.), *Handwörterbuch Pädagogische Psychologie* (S. 599-606). Weinheim: Beltz 2010

Schuler, Heinz und Weigang, S.: *Die Validität von Schulnoten zur Vorhersage des Studienerfolgs – eine Metaanalyse*. Zeitschrift für Pädagogische Psychologie, 2007, 21(1), 11-27

Simon, Hermann: *Die Wirtschafts-Trends der Zukunft*, Campus 2011

Ulrich, Dave; Smallwood, Norm und Sweetman, Kate: *The Leadership Code- Five rules to lead by*, Harvard Business Press 2009

Welch, Jack und Suzy: *Winning*, Campus 2005

Westhoff, Karl: Professor für Diagnostik und Intervention an der TU Dresden: *Personalauswahl auf Gutsherrenart*, www.focus.de, 14.02.2007

Wildenmann, Bernd: *Ist das Ihr neuer Vorstand?* Zitiert in Wirtschaft und Weiterbildung 01/2011, S. 30-37

Wildenmann, Wiebke: *Misserfolgsfaktoren im Management*, 2011, zitiert in Wirtschaft und Weiterbildung, 09/2011, S. 38-43

Wübbelmann, Klaus: *Management Audit*, Gabler 2009

Abbildungsverzeichnis

Register

Z

Danksagung

Wir bedanken uns bei all denjenigen, ohne die wir dieses Buch niemals hätten schreiben können. Zunächst bei all den Menschen, die wir in den vielen Jahren interviewt haben. Es waren viele tausend und deshalb können wir sie hier nicht alle nennen. Bei all den Mitarbeitern und Kunden, denen wir in Trainings und on-the-job Feedback zu ihren Interviews geben durften. Die wir dabei unterstützen durften, noch besser zu werden, und von denen wir selbst viel gelernt haben. Insbesondere bei den ehemaligen Kollegen der Citibank, seit 2010 Targobank.

Unser Dank gilt auch Patrick Rowe. Von ihm haben wir sehr viel von dem gelernt, was wir heute über dieses Thema wissen. Er war es auch, der uns auf die Idee mit dem Knopf im Ohr brachte. Und bei Ben Vanstekelenburg, einem ehemaligen Citibank Kollegen. Er führt nicht nur hervorragende Einstellungsgespräche, er fertigt auch die besten schriftlichen Zusammenfassungen darüber an, die wir bisher gesehen haben.

Auch zwei veritablen Leadern in HR Funktionen in Deutschland möchten wir für ihre Kommentare zum Buch danken: Thomas Sattelberger, Personalvorstand der Telekom AG, und Joachim Sauer, Geschäftsführer Personal und Arbeitsdirektor der Airbus Operations GmbH.

Ein ganz besonders herzlicher Dank geht auch an unsere Ehepartner – Claudia Vorländer, Andreas Külpp und Walther Bruckschen – die uns mit ihrer Geduld und ihren vielen, wertvollen Anregungen sehr oft weitergeholfen haben.

Oktober 2011

Die Autoren

Ulrich Jordan war mehr als 25 Jahre in leitenden Personalfunktionen tätig, davon 13 Jahre bei 3M in Deutschland und in den USA, unter anderem in der Führungskräfteentwicklung und als Personalleiter. Von 1995 bis 2011 bei der Citibank, später Targobank als Direktor Führungskräfteentwicklung für Europa, als Senior Vice President Europe and Middle East und als Personalvorstand für die deutsche Privatkundenorganisation. Seit Mitte 2011 ist er Inhaber der Jordan Consulting Gruppe, die sich auf HR Strategieberatung, internationale Führungskräfteentwicklung und Executive Coaching spezialisiert.

Birgit Külpp, Diplom-Psychologin (Personal- und Organisationsentwicklung), arbeitet seit über 20 Jahren als Unternehmerin und Beraterin. Seit 11 Jahren ist sie Mit-Inhaberin der Külpp und Partner Beratungsgruppe, die bisher für insgesamt mehr als 130 Firmen im In- und Ausland tätig war. Schwerpunkte ihrer Arbeit sind die Personalauswahl, Potenzialanalyse und -entwicklung sowie Coaching, Qualifizierungs- (und Zertifizierungs-) Programme für Führungskräfte und Personalmanager.

Ines Bruckschen, Journalistin, war vor ihrer freiberuflichen Tätigkeit lange Jahre bei der Bertelsmann AG und als Geschäftsführerin einer Kommunikationsagentur beschäftigt. Heute ist sie Redaktionsmitglied bei einem Umweltmagazin und betreut Kunden im Bereich Marketing, Text und Konzeption, schwerpunktmäßig zu den Themen Umwelt, Reise, Bildung und Forschung. In diesem Zusammenhang war sie auch beteiligt an der Entwicklung von Recruiting-Konzepten für Nachwuchstalente, unter anderem für die Fraunhofer-Gesellschaft.